上海市工程建设规范

现有建筑抗震鉴定与加固标准

Standard for seismic appraisement and strengthening of existing buildings

DGJ 08—81—2021
J 10016—2020

主编单位:同济大学
上海建筑设计研究院有限公司
批准部门:上海市住房和城乡建设管理委员会
施行日期:2021 年 8 月 1 日

同济大学出版社

2021 上海

图书在版编目(CIP)数据

现有建筑抗震鉴定与加固标准 / 同济大学，上海建筑设计研究院有限公司主编. —上海：同济大学出版社，2021.8

ISBN 978-7-5608-9718-9

Ⅰ.①现… Ⅱ.①同… ②上… Ⅲ.①建筑结构-抗震结构-鉴定-行业标准-上海②建筑结构-抗震加固-行业标准—上海 Ⅳ.①TU352.11-65

中国版本图书馆 CIP 数据核字(2021)第 128490 号

现有建筑抗震鉴定与加固标准

同济大学
上海建筑设计研究院有限公司 **主编**

策划编辑 张平官
责任编辑 朱 勇
责任校对 徐春莲
封面设计 陈益平

出版发行 同济大学出版社 www.tongjipress.com.cn
(地址:上海市四平路 1239 号 邮编：200092 电话:021-65985622)
经 销 全国各地新华书店
印 刷 浦江求真印务有限公司
开 本 889mm×1194mm 1/32
印 张 9
字 数 242 000
版 次 2021 年 8 月第 1 版 2024 年 3 月第 2 次印刷
书 号 ISBN 978-7-5608-9718-9
定 价 90.00 元

上海市住房和城乡建设管理委员会文件

沪建标定〔2021〕80 号

上海市住房和城乡建设管理委员会
关于批准《现有建筑抗震鉴定与加固标准》
为上海市工程建设规范的通知

各有关单位：

由同济大学、上海建筑设计研究院有限公司主编的《现有建筑抗震鉴定与加固标准》，经我委审核，并报住房和城乡建设部同意备案（备案号为 J 10016—2020），现批准为上海市工程建设规范，统一编号为 DGJ 08—81—2021，自 2021 年 8 月 1 日起实施。其中第 1.0.8 条为强制性条文。原《现有建筑抗震鉴定与加固规程》（DGJ 08—81—2015）同时废止。

本规范由上海市住房和城乡建设管理委员会负责管理，同济大学负责解释。

特此通知。

上海市住房和城乡建设管理委员会

二〇二一年二月十日

前 言

根据上海市住房和城乡建设管理委员会《关于印发〈2017年上海市工程建设规范编制计划〉的通知》(沪建标定〔2016〕1076号)要求,由同济大学和上海建筑设计研究院有限公司等单位组成修编组,对上海市工程建设规范《现有建筑抗震鉴定与加固规程》DGJ 08—81—2015进行修编。

本次修编是在《现有建筑抗震鉴定与加固规程》DGJ 08—81—2015的基础上,结合现行国家标准《建筑抗震鉴定标准》GB 50023、《建筑抗震设计规范》GB 50011和现行行业标准《建筑抗震加固技术规程》JGJ 116,以及现行上海市工程建设规范《建筑抗震设计标准》DGJ 08—9,并结合近几年应用《现有建筑抗震鉴定与加固规程》DGJ 08—81—2015的实际情况进行的。

本标准对《现有建筑抗震鉴定与加固规程》DGJ 08—81—2015主要进行了如下修改:

(1) 鉴于当前上海地区建筑抗震设防烈度全部为7度,相应章节对6度设防的内容进行了删减。但考虑到对丁类建筑的抗震措施允许按6度核查,相关表格中保留了6度抗震措施的内容。

(2) 对第1.0.6条关于抗震鉴定范围进行了修订,在条文说明中明确了现有砌体结构住宅室外增设垂直电梯可不属于本标准定义的“平面扩建”改造范畴;在条文说明中明确了改变结构用途的范畴,增加了抗震鉴定报告有效性的说明。

(3) 对第2.1.2条新增了条文说明,指出“后续使用年限”既是对现有建筑预设的后续使用期限,也是对现有建筑抗震鉴定和加固设计的设防标准。

(4) 在第3.1.3条抗震鉴定方法中增加了当抗震措施不满足鉴定要求而现有建筑抗震承载力较高时的抗震鉴定方法，以及对C类建筑当抗震措施不满足现行抗震设计标准的要求时进行了适当放松。

(5) 对第3.1.6条关于作用分项系数，区分了2019年之前和之后建造的现有建筑的取值方法。

(6) 第3.1.9条增加了对复杂钢结构抗震鉴定的要求，并在条文说明中给出了钢结构抗震鉴定参考方法。

(7) 第4.2.2条关于地基基础严重静载缺陷的判断，参考现行行业标准《危险房屋鉴定标准》JGJ 125对房屋倾斜、开裂指标以及基础结构承载力指标进行了适当调整。

(8) 新增第6.1.5条，强调了十层及十层以上的现有高层建筑未设地下室时，应加强整体结构抗倾覆安全性的分析。

(9) 第6.2.1条允许高度不超过三层的乙类建筑为单跨框架，但应提高其抗震承载能力。

(10) 第6.2.7条和第6.3.10条，明确了A类和B类钢筋混凝土结构均应进行变形验算，而不仅仅是对乙类建筑要求变形验算。

(11) 第14.0.1条和第14.0.2条对改建建筑和小范围加层、插层、扩建建筑的抗震鉴定要求进行了调整，可按后续使用年限确定其抗震设防标准，不再统一要求按C类建筑进行鉴定。条文说明中补充了现有建筑之间增设连廊等的抗震鉴定方法。

(12) 第20.1节～第20.3节根据近几年建筑隔震和消能减震技术的进一步成熟，对一般规定和加固设计要点进行了修订。

(13) 保留了原强制性条文第1.0.8条，其他原强制性条文(第1.0.3，1.0.7，3.1.1，3.1.4，3.2.2，3.2.5，3.2.9，3.2.10，5.1.2，5.1.4，6.1.2，6.1.4，7.1.2，7.1.4，9.1.2，10.1.2，10.1.4，16.3.1，16.3.7，16.3.13，17.1.2，17.3.1，17.3.4，17.3.7条)按地方标准编写要求改为推荐性条文，但在国家标准《建筑抗震鉴定标准》

GB 50023—2009 和行业标准《建筑抗震加固技术规程》JGJ 116—2009 中相关内容为强制性条文，均须严格执行。

本标准与国家标准《建筑抗震鉴定标准》GB 50023—2009 的区别主要体现在以下方面：

(1) 无论是 A 类建筑还是 B 类建筑，均同时检查房屋结构的抗震措施和验算其抗震承载力，代替 A 类建筑的两级鉴定做法。但考虑到 A 类建筑抗震设防要求相对较低，为与国家标准衔接，允许在整体结构体系和局部构造措施各项要求均满足的情况下不再进行结构承载力验算，并评定为满足抗震鉴定要求。

(2) 抗震承载力验算中，采用按现行抗震设计规范的方法进行计算，但根据房屋后续使用年限不同，对 A 类建筑、B 类建筑和 C 类建筑的地震作用分别采用 0.8、0.9 和 1.0 的折减系数，代替国家鉴定标准中用"抗震鉴定的承载力调整系数"的方法。同时考虑体系影响系数和局部影响系数的构造措施影响。

(3) 考虑到 A 类建筑抗震要求相对较低，国家标准中有满足构造要求可不进行抗震验算的情况，本标准对 A 类砌体房屋、A 类底部框架和 A 类内框架砌体房屋给出了两种抗震承载力验算方法，其一即为在满足各项抗震措施的前提下，再复核抗震横墙间距和房屋宽度，若抗震横墙间距和房屋宽度也满足，则评为合格而不再进行承载力验算。但若不满足，即评为不合格，也不再进行原方法中的二级鉴定。第二种方法即为上述的抗震设计规范计算方法并考虑构造的影响。

(4) 砌体结构和混凝土结构抗震加固设计中，抗震承载力验算方法与抗震鉴定中的抗震承载力验算方法一致，统一采用现行抗震设计规范的计算方法，并根据房屋不同后续使用年限对地震作用进行折减，同时考虑加固后的构造影响系数。

(5) 抗震鉴定中增加了对优秀历史建筑、改扩建和加层建筑进行抗震鉴定的规定。

本标准以黑体字标志的条文为强制性条文，必须严格执行。

各单位及相关人员在本标准执行过程中，如有意见或建议，请反馈至上海市住房和城乡建设管理委员会（地址：上海市大沽路100号；邮编：200003；E-mail：shjsbzgl@163.com）、同济大学土木工程学院结构防灾减灾工程系（原结构工程与防灾研究所）（地址：上海市四平路1239号；邮编：200092），或上海市建筑建材业市场管理总站（地址：上海市小木桥路683号；邮编：200032；E-mail：shgcbz@163.com），以供今后修订时参考。

主 编 单 位：同济大学
上海建筑设计研究院有限公司

参 编 单 位：上海市建筑科学研究院（集团）有限公司
上海市房地产科学研究院
华东建筑设计研究院有限公司
中船第九设计研究院工程有限公司
同济大学建筑设计研究院（集团）有限公司
上海市建筑学会隔震及消能减震技术中心
上海市住房和城乡建设管理委员会科学技术委员会

主要起草人：吕西林　胡克旭　张　晖　周德源　金国芳
施卫星　翁大根　陆浩亮　蒋欢军　朱春明
陈　洋　张凤新　巢　斯　瞿　革　陈清祥
罗志琪

主要审查人：周国鸣　顾嗣淳　许丽萍　贾　明　陈　志
金立赞　杨毅萌

上海市建筑建材业市场管理总站

目　次

1　总　则 …………………………………………………………… 1
2　术语和符号 ……………………………………………………… 3
　2.1　术　语……………………………………………………… 3
　2.2　符　号……………………………………………………… 7
3　基本规定 ………………………………………………………… 9
　3.1　抗震鉴定…………………………………………………… 9
　3.2　抗震加固 ………………………………………………… 12
4　场地、地基和基础鉴定 ………………………………………… 16
　4.1　一般规定 ………………………………………………… 16
　4.2　地基基础的静载缺陷 …………………………………… 17
　4.3　地基液化的影响 ………………………………………… 18
　4.4　抗震承载力的验算 ……………………………………… 18
5　多层砌体房屋鉴定 …………………………………………… 22
　5.1　一般规定 ………………………………………………… 22
　5.2　A类砌体房屋抗震鉴定 ………………………………… 23
　5.3　B类砌体房屋抗震鉴定 ………………………………… 32
6　多层及高层钢筋混凝土房屋鉴定 …………………………… 43
　6.1　一般规定 ………………………………………………… 43
　6.2　A类钢筋混凝土房屋抗震鉴定 ………………………… 44
　6.3　B类钢筋混凝土房屋抗震鉴定 ………………………… 48
7　内框架和底层框架砖房鉴定 ………………………………… 57
　7.1　一般规定 ………………………………………………… 57
　7.2　A类内框架和底层框架砖房抗震鉴定 ………………… 58
　7.3　B类内框架和底层框架砖房抗震鉴定 ………………… 61

8 单层钢筋混凝土柱厂房鉴定 …… 65
8.1 一般规定 …… 65
8.2 A类单层钢筋混凝土柱厂房抗震鉴定 …… 66
8.3 B类单层钢筋混凝土柱厂房抗震鉴定 …… 72
9 单层砖柱厂房鉴定 …… 79
9.1 一般规定 …… 79
9.2 A类单层砖柱厂房抗震鉴定 …… 80
9.3 B类单层砖柱厂房抗震鉴定 …… 82
10 单层空旷房屋鉴定 …… 84
10.1 一般规定 …… 84
10.2 A类单层空旷房屋抗震鉴定 …… 85
10.3 B类单层空旷房屋抗震鉴定 …… 86
11 木结构房屋鉴定 …… 89
11.1 一般规定 …… 89
11.2 A类房屋抗震鉴定 …… 90
11.3 B类房屋抗震鉴定 …… 93
12 烟囱和水塔鉴定 …… 95
12.1 烟 囱 …… 95
12.2 水 塔 …… 99
13 优秀历史建筑鉴定 …… 104
13.1 一般规定 …… 104
13.2 抗震措施鉴定 …… 105
13.3 抗震承载力验算 …… 106
14 改建、扩建和加层建筑鉴定 …… 107
15 地基和基础加固 …… 109
15.1 一般规定 …… 109
15.2 地基基础的加固措施 …… 110
16 砌体结构加固 …… 112
16.1 一般规定 …… 112

16.2 加固方法…………………………………………………… 113
16.3 加固设计及施工……………………………………………… 116
17 钢筋混凝土结构加固 …………………………………………… 141
17.1 一般规定…………………………………………………… 141
17.2 加固方法…………………………………………………… 141
17.3 加固设计及施工……………………………………………… 143
18 木结构加固 ……………………………………………………… 155
18.1 一般规定…………………………………………………… 155
18.2 加固方法…………………………………………………… 155
19 烟囱和水塔加固 ………………………………………………… 161
19.1 烟囱加固…………………………………………………… 161
19.2 水塔加固…………………………………………………… 163
20 基础隔震和消能减震加固方法 ………………………………… 166
20.1 一般规定…………………………………………………… 166
20.2 基础隔震加固设计要点……………………………………… 167
20.3 消能减震加固设计要点……………………………………… 168
20.4 连接构造…………………………………………………… 171
20.5 施工要求…………………………………………………… 180
本标准用词说明 …………………………………………………… 182
引用标准名录 ……………………………………………………… 183
条文说明 …………………………………………………………… 185

Contents

1 General provisions ······ 1
2 Terms and symbols ······ 3
2.1 Terms ······ 3
2.2 Symbols ······ 7
3 Basic requirements ······ 9
3.1 Seismic appraisal ······ 9
3.2 Seismic strengthening ······ 12
4 Appraisal of site, soil and foundation ······ 16
4.1 General requirements ······ 16
4.2 Static load defects of soil and foundation ······ 17
4.3 Influence of soil liquefaction ······ 18
4.4 Checking for seismic bearing capacity ······ 18
5 Appraisal of multi-story masonry buildings ······ 22
5.1 General requirements ······ 22
5.2 Seismic appraisal of category A buildings ······ 23
5.3 Seismic appraisal of category B buildings ······ 32
6 Appraisal of multi-story and tall reinforced concrete buildings ······ 43
6.1 General requirements ······ 43
6.2 Seismic appraisal of category A buildings ······ 44
6.3 Seismic appraisal of category B buildings ······ 48
7 Appraisal of multi-story brick buildings with bottom-frame or inner-frame ······ 57
7.1 Geneal requirements ······ 57

7.2 Seismic appraisal of category A buildings ………… 58
7.3 Seismic appraisal of category B buildings ………… 61
8 Appraisal of single-story factory buildings with reinforced concrete columns …………………………………………… 65
8.1 General requirements ………………………………… 65
8.2 Seismic appraisal of category A buildings ………… 66
8.3 Seismic appraisal of category B buildings ………… 72
9 Appraisal of single-story factory buildings with brick columns …………………………………………………… 79
9.1 General requirements ………………………………… 79
9.2 Seismic appraisal of category A buildings ………… 80
9.3 Seismic appraisal of category B buildings ………… 82
10 Appraisal of single-story spacious buildings …………… 84
10.1 General requirements …………………………… 84
10.2 Seismic appraisal of category A buildings ……… 85
10.3 Seismic appraisal of category B buildings ……… 86
11 Appraisal of timber buildings ……………………………… 89
11.1 General requirements …………………………… 89
11.2 Seismic appraisal of category A buildings ……… 90
11.3 Seismic appraisal of category B buildings ……… 93
12 Appraisal of chimneys and water towers ……………… 95
12.1 Chimneys ………………………………………… 95
12.2 Water towers …………………………………… 99
13 Appraisal of excellent historical buildings …………… 104
13.1 General requirements …………………………… 104
13.2 Appraisal of seismic measures ………………… 105
13.3 Checking for seismic bearing capacity ………… 106
14 Appraisal of reconstruction, extension and story-adding buildings ……………………………………………… 107

15 Strengthening of soil and foundation ······ 109
15.1 General requirements ······ 109
15.2 Strengthening measures of soil and foundation ······ 110
16 Strengthening of masonry structures ······ 112
16.1 General requirements ······ 112
16.2 Strengthening methods ······ 113
16.3 Strengthening design and construction ······ 116
17 Strengthening of reinforced concrete structures ······ 141
17.1 General requirements ······ 141
17.2 Strengthening methods ······ 141
17.3 Strengthening design and construction ······ 143
18 Strengthening of timber structures ······ 155
18.1 General requirements ······ 155
18.2 Strengthening methods ······ 155
19 Strengthening of chimneys and water towers ······ 161
19.1 Strengthening of chimneys ······ 161
19.2 Strengthening of water towers ······ 163
20 Strengthening methods of foundation isolation and energy-dissipation ······ 166
20.1 General requirements ······ 166
20.2 Essentials in design of foundation isolation ······ 167
20.3 Essentials in design of energy-dissipation ······ 168
20.4 Connection structures ······ 171
20.5 Requirements for construction ······ 180
Explanations of wording in this standard ······ 182
List of quoted standards ······ 183
Explanation of provisions ······ 185

1 总 则

1.0.1 为贯彻地震工作以预防为主的方针，减轻地震破坏，减少损失，对现有建筑的抗震能力进行鉴定，并为抗震加固或采用其他抗震减灾对策提供依据，特制定本标准。

1.0.2 本标准适用于上海地区抗震设防烈度为 7 度或 8 度及场地类别为Ⅲ类或Ⅳ类的现有建筑的抗震鉴定、抗震加固设计和施工。

1.0.3 需进行抗震鉴定或抗震加固的现有建筑，应根据其后续的使用要求和重要性，按现行国家标准《建筑工程抗震设防分类标准》GB 50223 分为四类，其抗震验算和抗震措施核查应分别符合下列要求：

甲类——抗震措施和抗震验算要求均应经专门研究确定；

乙类——应按比本地区设防烈度提高一度的要求核查其抗震措施，按不低于本地区抗震设防烈度的要求进行抗震验算；

丙类——抗震措施和抗震验算均应按本地区抗震设防烈度的要求采用；

丁类——应允许按 6 度的要求核查其抗震措施，抗震验算应允许适当降低要求。

1.0.4 对现有建筑进行抗震鉴定时，应根据实际需要和可能，按下列规定选择其后续使用年限：

1 20 世纪 70 年代及以前建造经耐久性鉴定可继续使用的现有建筑，其后续使用年限不应少于 30 年；20 世纪 80 年代建造的现有建筑，后续使用宜采用 40 年或更长，且不得少于 30 年。

2 20 世纪 90 年代(按当时施行的抗震设计规范系列设计)建造的现有建筑，后续使用年限不应少于 40 年；条件许可时，可采用 50 年。

3 在 2001 年以后（按当时施行的抗震设计规范系列设计）建造的现有建筑，后续使用年限应采用 50 年。

1.0.5 不同后续使用年限的现有建筑，其抗震鉴定方法应符合下列要求：

1 后续使用年限 30 年的建筑（简称 A 类建筑），应采用本标准各章规定的 A 类建筑抗震鉴定方法。

2 后续使用年限 40 年的建筑（简称 B 类建筑），应采用本标准各章规定的 B 类建筑抗震鉴定方法。

3 后续使用年限 50 年的建筑（简称 C 类建筑），应按现行上海市工程建设规范《建筑抗震设计标准》DGJ 08—9 的要求进行抗震鉴定，但抗震措施可按本标准第 3.1.3 条第 3 款的方法适当降低要求。

1.0.6 符合下列情况之一的现有建筑应进行抗震鉴定：

1 超过设计使用年限需要继续使用的建筑。

2 原设计未考虑抗震设防或抗震设防要求提高的建筑。

3 需要改变结构用途或提高结构荷载的建筑。

4 需要进行结构改造或结构加固的建筑。

5 其他需要进行抗震鉴定的建筑。

1.0.7 现有建筑抗震加固前，应依据其抗震设防烈度、抗震设防类别、后续使用年限和结构类型，按本标准的相应规定进行抗震鉴定。经抗震鉴定需要加固时，则必须进行加固。

1.0.8 加固后的建筑在预期的后续使用年限内应能够达到不低于其抗震鉴定的设防目标。

1.0.9 因加层、插层、扩建需要而进行的结构抗震加固设计，应按现行上海市工程建设规范《建筑抗震设计标准》DGJ 08—9 的规定采取抗震措施和进行抗震承载力验算。

1.0.10 现有建筑的抗震鉴定和抗震加固，除应符合本标准的规定外，尚应符合国家、行业和本市现行有关标准的规定。

目　次

1　总　则 ………………………………………………………… 1
2　术语和符号 …………………………………………………… 3
　2.1　术　语…………………………………………………… 3
　2.2　符　号…………………………………………………… 7
3　基本规定 ……………………………………………………… 9
　3.1　抗震鉴定………………………………………………… 9
　3.2　抗震加固 ……………………………………………… 12
4　场地、地基和基础鉴定 ……………………………………… 16
　4.1　一般规定 ……………………………………………… 16
　4.2　地基基础的静载缺陷 ………………………………… 17
　4.3　地基液化的影响 ……………………………………… 18
　4.4　抗震承载力的验算 …………………………………… 18
5　多层砌体房屋鉴定 ………………………………………… 22
　5.1　一般规定 ……………………………………………… 22
　5.2　A类砌体房屋抗震鉴定 ……………………………… 23
　5.3　B类砌体房屋抗震鉴定 ……………………………… 32
6　多层及高层钢筋混凝土房屋鉴定 ………………………… 43
　6.1　一般规定 ……………………………………………… 43
　6.2　A类钢筋混凝土房屋抗震鉴定 ……………………… 44
　6.3　B类钢筋混凝土房屋抗震鉴定 ……………………… 48
7　内框架和底层框架砖房鉴定 ……………………………… 57
　7.1　一般规定 ……………………………………………… 57
　7.2　A类内框架和底层框架砖房抗震鉴定 ……………… 58
　7.3　B类内框架和底层框架砖房抗震鉴定 ……………… 61

8 单层钢筋混凝土柱厂房鉴定 …………………………………… 65
8.1 一般规定 ………………………………………………………… 65
8.2 A类单层钢筋混凝土柱厂房抗震鉴定 ………………… 66
8.3 B类单层钢筋混凝土柱厂房抗震鉴定 ………………… 72
9 单层砖柱厂房鉴定 ………………………………………………… 79
9.1 一般规定 ………………………………………………………… 79
9.2 A类单层砖柱厂房抗震鉴定 …………………………… 80
9.3 B类单层砖柱厂房抗震鉴定 …………………………… 82
10 单层空旷房屋鉴定 ……………………………………………… 84
10.1 一般规定 ……………………………………………………… 84
10.2 A类单层空旷房屋抗震鉴定 ………………………… 85
10.3 B类单层空旷房屋抗震鉴定 ………………………… 86
11 木结构房屋鉴定 ………………………………………………… 89
11.1 一般规定 ……………………………………………………… 89
11.2 A类房屋抗震鉴定 ………………………………………… 90
11.3 B类房屋抗震鉴定 ………………………………………… 93
12 烟囱和水塔鉴定 ………………………………………………… 95
12.1 烟 囱 ………………………………………………………… 95
12.2 水 塔 ………………………………………………………… 99
13 优秀历史建筑鉴定 ……………………………………………… 104
13.1 一般规定 ……………………………………………………… 104
13.2 抗震措施鉴定 ……………………………………………… 105
13.3 抗震承载力验算 …………………………………………… 106
14 改建、扩建和加层建筑鉴定 ………………………………… 107
15 地基和基础加固 ………………………………………………… 109
15.1 一般规定 ……………………………………………………… 109
15.2 地基基础的加固措施 ……………………………………… 110
16 砌体结构加固 …………………………………………………… 112
16.1 一般规定 ……………………………………………………… 112

16.2 加固方法 …… 113
16.3 加固设计及施工 …… 116
17 钢筋混凝土结构加固 …… 141
17.1 一般规定 …… 141
17.2 加固方法 …… 141
17.3 加固设计及施工 …… 143
18 木结构加固 …… 155
18.1 一般规定 …… 155
18.2 加固方法 …… 155
19 烟囱和水塔加固 …… 161
19.1 烟囱加固 …… 161
19.2 水塔加固 …… 163
20 基础隔震和消能减震加固方法 …… 166
20.1 一般规定 …… 166
20.2 基础隔震加固设计要点 …… 167
20.3 消能减震加固设计要点 …… 168
20.4 连接构造 …… 171
20.5 施工要求 …… 180
本标准用词说明 …… 182
引用标准名录 …… 183
条文说明 …… 185

Contents

1 General provisions ······ 1
2 Terms and symbols ······ 3
2.1 Terms ······ 3
2.2 Symbols ······ 7
3 Basic requirements ······ 9
3.1 Seismic appraisal ······ 9
3.2 Seismic strengthening ······ 12
4 Appraisal of site, soil and foundation ······ 16
4.1 General requirements ······ 16
4.2 Static load defects of soil and foundation ······ 17
4.3 Influence of soil liquefaction ······ 18
4.4 Checking for seismic bearing capacity ······ 18
5 Appraisal of multi-story masonry buildings ······ 22
5.1 General requirements ······ 22
5.2 Seismic appraisal of category A buildings ······ 23
5.3 Seismic appraisal of category B buildings ······ 32
6 Appraisal of multi-story and tall reinforced concrete buildings ······ 43
6.1 General requirements ······ 43
6.2 Seismic appraisal of category A buildings ······ 44
6.3 Seismic appraisal of category B buildings ······ 48
7 Appraisal of multi-story brick buildings with bottom-frame or inner-frame ······ 57
7.1 Geneal requirements ······ 57

7.2 Seismic appraisal of category A buildings ············ 58
7.3 Seismic appraisal of category B buildings ············ 61
8 Appraisal of single-story factory buildings with reinforced concrete columns ·· 65
8.1 General requirements ·· 65
8.2 Seismic appraisal of category A buildings ············ 66
8.3 Seismic appraisal of category B buildings ············ 72
9 Appraisal of single-story factory buildings with brick columns ·· 79
9.1 General requirements ·· 79
9.2 Seismic appraisal of category A buildings ············ 80
9.3 Seismic appraisal of category B buildings ············ 82
10 Appraisal of single-story spacious buildings ················ 84
10.1 General requirements ······································ 84
10.2 Seismic appraisal of category A buildings ········ 85
10.3 Seismic appraisal of category B buildings ········ 86
11 Appraisal of timber buildings ··································· 89
11.1 General requirements ······································ 89
11.2 Seismic appraisal of category A buildings ········ 90
11.3 Seismic appraisal of category B buildings ········ 93
12 Appraisal of chimneys and water towers ··················· 95
12.1 Chimneys ·· 95
12.2 Water towers ··· 99
13 Appraisal of excellent historical buildings ················ 104
13.1 General requirements ···································· 104
13.2 Appraisal of seismic measures ························ 105
13.3 Checking for seismic bearing capacity ············· 106
14 Appraisal of reconstruction, extension and story-adding buildings ·· 107

15 Strengthening of soil and foundation ······ 109
15.1 General requirements ······ 109
15.2 Strengthening measures of soil and foundation ······ 110
16 Strengthening of masonry structures ······ 112
16.1 General requirements ······ 112
16.2 Strengthening methods ······ 113
16.3 Strengthening design and construction ······ 116
17 Strengthening of reinforced concrete structures ······ 141
17.1 General requirements ······ 141
17.2 Strengthening methods ······ 141
17.3 Strengthening design and construction ······ 143
18 Strengthening of timber structures ······ 155
18.1 General requirements ······ 155
18.2 Strengthening methods ······ 155
19 Strengthening of chimneys and water towers ······ 161
19.1 Strengthening of chimneys ······ 161
19.2 Strengthening of water towers ······ 163
20 Strengthening methods of foundation isolation and energy-dissipation ······ 166
20.1 General requirements ······ 166
20.2 Essentials in design of foundation isolation ······ 167
20.3 Essentials in design of energy-dissipation ······ 168
20.4 Connection structures ······ 171
20.5 Requirements for construction ······ 180
Explanations of wording in this standard ······ 182
List of quoted standards ······ 183
Explanation of provisions ······ 185

1 总 则

1.0.1 为贯彻地震工作以预防为主的方针，减轻地震破坏，减少损失，对现有建筑的抗震能力进行鉴定，并为抗震加固或采用其他抗震减灾对策提供依据，特制定本标准。

1.0.2 本标准适用于上海地区抗震设防烈度为7度或8度及场地类别为Ⅲ类或Ⅳ类的现有建筑的抗震鉴定、抗震加固设计和施工。

1.0.3 需进行抗震鉴定或抗震加固的现有建筑，应根据其后续的使用要求和重要性，按现行国家标准《建筑工程抗震设防分类标准》GB 50223分为四类，其抗震验算和抗震措施核查应分别符合下列要求：

甲类——抗震措施和抗震验算要求均应经专门研究确定；

乙类——应按比本地区设防烈度提高一度的要求核查其抗震措施，按不低于本地区抗震设防烈度的要求进行抗震验算；

丙类——抗震措施和抗震验算均应按本地区抗震设防烈度的要求采用；

丁类——应允许按6度的要求核查其抗震措施，抗震验算应允许适当降低要求。

1.0.4 对现有建筑进行抗震鉴定时，应根据实际需要和可能，按下列规定选择其后续使用年限：

1 20世纪70年代及以前建造经耐久性鉴定可继续使用的现有建筑，其后续使用年限不应少于30年；20世纪80年代建造的现有建筑，后续使用宜采用40年或更长，且不得少于30年。

2 20世纪90年代(按当时施行的抗震设计规范系列设计)建造的现有建筑，后续使用年限不应少于40年；条件许可时，可采用50年。

3 在2001年以后(按当时施行的抗震设计规范系列设计)建造的现有建筑,后续使用年限应采用50年。

1.0.5 不同后续使用年限的现有建筑,其抗震鉴定方法应符合下列要求:

1 后续使用年限30年的建筑(简称A类建筑),应采用本标准各章规定的A类建筑抗震鉴定方法。

2 后续使用年限40年的建筑(简称B类建筑),应采用本标准各章规定的B类建筑抗震鉴定方法。

3 后续使用年限50年的建筑(简称C类建筑),应按现行上海市工程建设规范《建筑抗震设计标准》DGJ 08—9的要求进行抗震鉴定,但抗震措施可按本标准第3.1.3条第3款的方法适当降低要求。

1.0.6 符合下列情况之一的现有建筑应进行抗震鉴定:

1 超过设计使用年限需要继续使用的建筑。

2 原设计未考虑抗震设防或抗震设防要求提高的建筑。

3 需要改变结构用途或提高结构荷载的建筑。

4 需要进行结构改造或结构加固的建筑。

5 其他需要进行抗震鉴定的建筑。

1.0.7 现有建筑抗震加固前,应依据其抗震设防烈度、抗震设防类别、后续使用年限和结构类型,按本标准的相应规定进行抗震鉴定。经抗震鉴定需要加固时,则必须进行加固。

1.0.8 加固后的建筑在预期的后续使用年限内应能够达到不低于其抗震鉴定的设防目标。

1.0.9 因加层、插层、扩建需要而进行的结构抗震加固设计,应按现行上海市工程建设规范《建筑抗震设计标准》DGJ 08—9的规定采取抗震措施和进行抗震承载力验算。

1.0.10 现有建筑的抗震鉴定和抗震加固,除应符合本标准的规定外,尚应符合国家、行业和本市现行有关标准的规定。

2 术语和符号

2.1 术　语

2.1.1 现有建筑　existing buildings

除古建筑、新建建筑、危险建筑以外，现实存在的建筑结构单体或其部分。

2.1.2 后续使用年限　subsequent service life

对现有建筑继续使用所约定的一个时期，在此期限内，正常使用和维修保养的建筑一般不需重新鉴定和相应加固就能按预期目的使用、完成预定的功能。

2.1.3 抗震设防烈度　seismic fortification intensity

按国家规定的权限批准作为一个地区抗震设防依据的地震烈度。

2.1.4 抗震鉴定　seismic appraisal

通过检查现有建筑的设计、施工质量和现状，按规定的抗震设防要求，对其在地震作用下的安全性进行评估。

2.1.5 综合抗震能力　compound seismic capability

建筑结构体综合考虑其构造和承载力等因素所具有的抵抗地震作用的能力。

2.1.6 体系影响系数　coefficient of system influence

根据房屋不规则性、非刚性和整体性连接等不符合抗震措施鉴定要求的程度，给出的一个用以进行整体结构或结构局部楼层抗震承载能力调整的系数。

2.1.7 局部影响系数 coefficient of locality influence

根据房屋易引起局部倒塌等的各部位不符合抗震措施鉴定要求的程度，给出的一个用以进行结构局部楼层或局部墙段抗震承载能力调整的系数。

2.1.8 结构构件现有承载力 available capacity of member

现有结构构件由材料强度标准值、结构构件（包括钢筋）实有的截面面积和对应于重力荷载代表值的竖向荷载作用下确定的承载力，包括现有受弯承载力和现有受剪承载力等。

2.1.9 抗震加固 seismic strengthening of buildings

使现有建筑达到规定的抗震设防要求而进行的设计及施工。

2.1.10 面层加固法 masonry strengthening with plaster splint

在砌体墙表面增抹（喷射）或浇筑一定厚度的配有钢筋网的水泥砂浆或配有钢筋的混凝土，形成组合墙体的加固方法。

2.1.11 外加柱加固法 masonry strengthening with tie-columns

在砌体墙交接处等部位增设钢筋混凝土构造柱，形成约束砌体墙的加固方法。

2.1.12 抗震措施 seismic measures

除地震作用计算和抗力计算以外的抗震设计内容，包括抗震构造措施。

2.1.13 混凝土套加固法 strengthening methods with reinforced concrete frame

在原有的钢筋混凝土梁、柱或砌体柱外包一定厚度的钢筋混凝土，扩大原构件截面的加固方法。

2.1.14 钢套加固法 strengthening methods with steel frame

在原有的钢筋混凝土梁、柱或砌体柱外包角钢、扁钢等制成的构架，约束原有构件的加固方法。

2.1.15 钢绞线网-聚合物砂浆面层加固法 strengthening methods with strand steel wire web and polymer mortar

在原有的砌体墙面或钢筋混凝土构件表面外抹一定厚度的

钢绞线网-聚合物砂浆的加固方法。

2.1.16 碳纤维布加固法 strengthening methods with carbonic fibre reinforced polymer

在原有的结构构件表面用胶粘材料粘贴碳纤维片材等的加固方法。

2.1.17 消能器 energy dissipation device

通过内部材料或构件的摩擦,弹塑性滞回变形或黏(弹)性滞回变形来耗散或吸收能量的装置,包括位移相关型消能器、速度相关型消能器和复合型消能器。

2.1.18 消能减震结构 energy dissipation structure

设置消能器的结构,包括主体结构、消能部件。

2.1.19 消能部件 energy dissipation member

由消能器与连接组成的一个组合消能构件。

2.1.20 位移相关型消能器 displacement dependent energy dissipation device

耗能能力与消能器两端的相对位移相关的消能器,如金属消能器、摩擦消能器和屈曲约束支撑等。

2.1.21 速度相关型消能器 velocity dependent energy dissipation device

耗能能力与消能器两端的相对速度有关的消能器,如黏滞消能器、黏弹性消能器等。

2.1.22 复合型消能器 composite energy dissipation device

耗能能力与消能器两端的相对位移和相对速度有关的消能器,如铅黏弹性消能器等。

2.1.23 金属消能器 metal energy dissipation device

由各种不同金属材料(软钢、铅等)元件或构件制成,利用金属元件或构件屈服时产生的弹塑性滞回变形耗散能量的减震装置。

2.1.24 摩擦消能器 friction energy dissipation device

由钢元件或构件、摩擦片和预压螺栓等组成，利用两个或两个以上元件或构件间相对位移时产生摩擦做功而耗散能量的减震装置。

2.1.25 屈曲约束支撑 buckling-restrained brace

由核心单元、外约束单元等组成，利用核心单元产生弹塑性滞回变形耗散能量的减震装置。

2.1.26 黏滞消能器 viscous energy dissipation device

由缸体、活塞、黏滞材料等部分组成，利用黏滞材料运动时产生黏滞阻尼耗散能量的减震装置。

2.1.27 黏弹性消能器 viscoelastic energy dissipation device

由黏弹性材料和约束钢板或圆形(或矩形)钢筒等组成，利用黏弹性材料间产生的剪切或拉压滞回变形来耗散能量的减震装置。

2.1.28 附加阻尼比 additional damping ratio

消能减震结构往复运动时消能器附加给主体结构的有效阻尼比。

2.1.29 附加刚度 additional stiffness

消能减震结构往复运动时消能部件附加给主体结构的刚度。

2.1.30 消能器极限位移 ultimate displacement of energy dissipation device

消能器能达到的最大变形量，超过该值后，认为消能器失去消能功能。

2.1.31 消能器极限速度 ultimate velocity of energy dissipation device

消能器能达到的最大速度值，超过该值后，认为消能器失去消能功能。

2.1.32 消能器设计位移 design displacement of energy dissipation device

消能减震结构在罕遇地震作用下消能器达到的位移值。

2.1.33 消能器设计速度 design velocity of energy dissipation device

消能减震结构在罕遇地震作用下消能器达到的速度值。

2.2 符 号

2.2.1 作用和作用效应

N ——对应于重力荷载代表值的轴向压力；

V_e ——楼层的弹性地震剪力；

S ——结构构件地震基本组合的作用效应设计值；

p_0 ——基础底面实际平均压力。

2.2.2 材料性能和抗力

M_y ——构件现有受弯承载力；

V_y ——构件或楼层现有受剪承载力；

R ——结构构件承载力设计值；

f ——材料现有强度设计值；

f_k ——材料现有强度标准值。

2.2.3 几何参数

A_s ——实有钢筋截面面积；

A_w ——抗震墙截面面积；

A_b ——楼层建筑平面面积；

B ——房屋宽度；

L ——抗震墙之间楼板长度、抗震墙间距以及房屋长度；

b ——构件截面宽度；

h ——构件截面高度；

l ——构件长度、屋架跨度；

t ——抗震墙厚度。

2.2.4 计算系数

β ——综合抗震承载力指数；

γ_{RE} ——承载力抗震调整系数；

γ'_{RE} ——地基承载力抗震综合调整系数；

ψ_1 ——结构构造的体系影响系数；

ψ_2 ——结构构造的局部影响系数。

2.2.5 结构参数

F_{sy} ——设置消能部件的主体结构层间屈服剪力；

K_t ——结构抗扭刚度；

T_i ——消能减震结构的第 i 阶振型周期；

ζ ——消能减震结构总阻尼比；

ω ——结构自振频率；

Δu_{py} ——消能部件在水平方向的屈服位移或起滑位移；

Δu_{sy} ——设置消能部件的主体结构层间屈服位移。

2.2.6 消能器参数

C_D ——消能器的线性阻尼系数；

C_j ——第 j 个消能器由试验确定的线性阻尼系数；

F_d ——消能器在相应位移下的阻尼力；

K_b ——支撑构件沿消能方向的刚度；

t ——黏弹性消能器的黏弹性材料的总厚度；

W_{cj} ——第 j 个消能部件在结构预期层间位移 Δu_j 下往复循环一周所消耗的能量；

ζ_a ——消能部件附加给结构的有效阻尼比；

Δu_{dmax} ——沿消能方向消能器最大可能的位移；

Δu ——沿消能方向消能器的位移。

3 基本规定

3.1 抗震鉴定

3.1.1 现有建筑的抗震鉴定应包括下列内容：

1 搜集建筑的地质勘探资料、设计图纸、设计计算书、竣工图纸、工程验收文件和沉降观测记录等原始资料；当资料不全时，应根据鉴定的需要进行补充勘查和实测。

2 调查建筑现状与原始资料相符合的程度、施工质量和维护状况，找出对抗震不利的因素和相关的非抗震缺陷。

3 根据各类建筑结构的特点、结构布置、抗震构造措施和抗震承载力等因素，采用相应的抗震鉴定方法，进行综合抗震能力分析。

4 对现有建筑整体抗震性能作出评价，对符合抗震鉴定要求的建筑应说明其后续使用年限，对不符合抗震鉴定要求的建筑提出相应的抗震减灾措施和处理意见。

3.1.2 现有建筑的抗震鉴定应根据下列情况区别对待：

1 建筑结构类型不同的结构，其检查的重点、项目内容和要求不同，应采用不同的鉴定方法，并符合后续相应章节的要求。

2 对重点部位与一般部位，应按不同的要求进行检查和鉴定。重点部位指影响该类建筑结构整体抗震性能的关键部位和易导致局部倒塌伤人的构件、部件以及地震时可能造成次生灾害的部位。

3 对抗震性能有整体影响的构件和仅有局部影响的构件，在综合抗震能力分析时应区别对待。

3.1.3 建筑抗震鉴定的方法应根据其抗震措施和现有抗震承载力,进行综合抗震能力评定。

1 当抗震措施不满足鉴定要求而现有建筑抗震承载力较高时,可通过构造影响系数进行综合抗震能力的评定;也可采取下列提高地震作用的方法进行整体结构抗震分析,验算结构构件的承载能力:

1) 对于混凝土结构,地震作用提高系数可取 1.3。

2) 对于砌体结构,地震作用提高系数可取 1.5。

2 对于 A 类和 B 类建筑,当抗震措施满足鉴定要求,主要抗侧力构件的抗震承载力不低于规定的 95%、次要抗侧力构件的抗震承载力不低于规定的 90%时,可不要求进行加固处理。

3 对于 C 类建筑,当抗震措施满足上海市工程建设规范《建筑抗震设计规程》DGJ 08—9—2003 的要求时,可认为其抗震措施满足鉴定要求,但其承载能力需满足现行上海市工程建设规范《建筑抗震设计标准》DGJ 08—9 的要求。

3.1.4 现有建筑宏观控制和抗震措施核查的基本内容及要求应符合下列规定:

1 当建筑的平面、立面、质量、刚度分布和墙体等抗侧力构件的布置在平面内明显不对称时,应进行地震扭转效应不利影响的分析;当结构竖向构件上下不连续或刚度沿高度分布有突变时,应找出薄弱部位并按相应的要求鉴定。

2 检查结构体系,应找出其破坏会导致整个体系丧失抗震能力或丧失对重力的承载能力的部件或构件;当房屋有错层或不同类型结构体系相连时,应提高其相应部位的抗震鉴定要求。

3 检查结构材料实际达到的强度等级,并按实际强度进行承载力验算;当材料实际强度低于本标准各章规定的最低要求时,应提出采取相应的抗震减灾对策。

3.1.5 现有建筑宏观控制和抗震措施尚应符合下列规定:

1 多层建筑的高度和层数,应符合本标准各章规定的限值要求。

2 当结构构件的尺寸、截面形式等不利于抗震时，应加强该构件的构造措施以提高其抗震性能。

3 结构构件的连接构造应满足结构整体性的要求；装配式厂房应有较完整的支撑系统。

4 非结构构件与主体结构的连接构造应满足不倒塌伤人的要求；位于出入口及临街等处，应有可靠的连接。

5 对由多个结构单元组成的建筑，还应检查结构单元之间的净距是否存在相互影响，尤其是非结构构件的破坏性影响。

6 当建筑场地位于不利地段时，尚应符合地基基础的有关鉴定要求。

3.1.6 建筑的现有抗震承载力验算应按以下原则进行：

至少在两个主轴方向分别按本标准各章规定的具体方法进行结构的抗震验算；对于有斜交抗侧力构件的结构，应在各抗侧力构件的方向，分别按本标准各章规定的具体方法进行结构的抗震验算。

当本标准未给出具体方法时，可采用现行上海市工程建设规范《建筑抗震设计标准》DGJ 08—9 规定的方法，按下式进行结构构件抗震验算：

$$S \leqslant R/\gamma_{\mathrm{RE}} \tag{3.1.6}$$

式中：S ——结构构件内力（轴向力、剪力、弯矩等）组合的设计值。计算时，根据房屋后续使用年限不同，对现行上海市工程建设规范《建筑抗震设计标准》DGJ 08—9中的地震作用分别采用不同的折减系数：A 类建筑、B 类建筑和 C 类建筑折减系数分别取 0.8，0.9 和 1.0。荷载和组合值系数应按现行上海市工程建设规范《建筑抗震设计标准》DGJ 08—9 的规定采用；关于作用分项系数，2018 年及之前建造的现有建筑按国家标准《建筑结构可靠性设计统一标准》GB 50068—2001 的规定取值，2019 年及以后建造的现有建筑按现行国家标准《建筑结构可靠性设计统一标准》GB 50068 的规定取值；地震作用效应(内力)调整系数应按本标准各章的规定采用。

R ——结构构件承载力设计值，按现行上海市工程建设规范《建筑抗震设计标准》DGJ 08—9 的规定采用；其中，结构材料强度的设计指标按现行国家设计规范采用，材料强度等级按现场实际情况确定。

γ_{RE} ——现行上海市工程建设规范《建筑抗震设计标准》DGJ 08—9 中的承载力抗震调整系数。

3.1.7 现有建筑的抗震鉴定要求应根据建筑所在场地、地基和基础等的有利和不利因素，作下列调整：

1 复杂地形、严重不均匀土层上的建筑以及同一建筑单元存在不同类型基础时，应提高抗震鉴定要求。

2 对密集的建筑和抗震缝两侧的结构单元，应提高相关部位的抗震鉴定要求。

3.1.8 对不符合抗震鉴定要求的建筑，可根据其不符合要求的程度、部位、对结构整体抗震性能影响的大小，以及有关的非抗震缺陷等实际情况，结合使用要求、城市规划和加固难易等因素的分析，通过技术经济比较，提出相应的维修、加固、改变用途或更新等抗震减灾对策。

3.1.9 对高度超过本标准各章规定的现有建筑、优秀历史建筑、复杂钢结构和特种结构以及复杂的改造结构等，抗震鉴定方法和抗震鉴定结果应进行专项论证。

3.2 抗震加固

3.2.1 现有建筑抗震加固设计和施工应以抗震鉴定为依据，按加固方案设计、加固施工图设计、施工组织设计、加固施工等顺序进行。

3.2.2 现有建筑抗震加固方案应根据抗震鉴定结果经综合分析后确定，分别采用房屋整体加固、区段加固或构件加固，提高结构的整体抗震承载力与和适应变形的能力，并应注意对薄弱部位与易倒塌部位的加固。

3.2.3 现有建筑的抗震加固应尽量少损伤原结构，并保留具有利用价值的结构构件，避免不必要的拆除或更换。尽量减少地基基础的加固工作量，多采取提高上部结构抵抗不均匀沉降能力的措施，并应计入不利场地的影响。

3.2.4 抗震加固设计中，应力求使加固后的建筑物的重量和刚度沿平面和竖向分布均匀对称，使结构的刚度中心与质量中心尽量接近。对于质量中心与刚度中心偏离较大的原有建筑物，宜采取措施，减小偏心，以降低扭转作用，并对易遭扭转破坏的部位从构造上予以加强。抗震加固设计中，还应避免由于局部刚度突变而产生新的薄弱部位。

3.2.5 现有建筑抗震加固设计时，地震作用和结构抗震验算应符合下列规定：

1 结构的计算简图应根据加固后的荷载、地震作用和实际受力状况确定。

2 结构构件承载力验算时，应计入实际荷载偏心、结构构件变形等造成的附加内力，并应计入加固后的实际受力程度、新增部分的应变滞后和新、旧部分协同工作的程度对承载力的影响。

3 当考虑构造影响进行结构抗震承载力验算时，体系影响系数和局部影响系数应根据房屋加固后的状态取值，并应防止加固后出现新的层间受剪承载力突变的楼层。

4 抗震加固后使结构重量明显增大时，还应对被加固的相关结构及建筑物地基基础进行验算。

3.2.6 采用现行上海市工程建设规范《建筑抗震设计标准》DGJ 08—9 的方法进行抗震验算时，应计入加固后仍存在的构造影响，并应符合下列要求：地震作用按本标准第 3.1.6 条的方法采用；原结构构件材料性能设计指标、结构构件承载力抗震调整系数等应按现行设计规范、规程的有关规定采用；新增钢筋混凝土构件、砌体墙体可仍按原有构件对待。

3.2.7 对拟加固结构上的荷载作用应进行实地调查，其取值应符合下列规定：

1 根据使用的实际情况，按现行国家标准《建筑结构荷载规范》GB 50009 的规定取值。

2 现行国家标准《建筑结构荷载规范》GB 50009 未作规定的可变荷载和永久荷载，可根据实际情况和相关资料、数据进行确定。

3 对工艺荷载、吊车荷载等，应根据使用单位提供的数据取值。

3.2.8 现有建筑的加固设计应与施工方法紧密结合，采取有效措施保证加固部分、新增构件与原结构连接可靠、协同工作；新增的抗震墙、柱等竖向构件应有可靠的基础。

3.2.9 在加固施工过程中，若发现原结构或相关工程隐蔽部位的结构构造有严重缺陷时，应会同抗震加固设计部门采取有效措施进行处理后方能继续施工。

3.2.10 对于施工中涉及削弱、拆除部分结构或构件形成临时状态，可能出现倾斜、失稳、开裂或坍塌等不安全因素，在加固施工前，应预先采取可靠措施，以防止发生安全事故。

3.2.11 结构加固所用的砌体块材、砂浆和混凝土的强度等级，钢筋、钢材的性能指标，应符合现行上海市工程建设规范《建筑抗震设计标准》DGJ 08—9 的有关规定，其他各种加固材料和胶黏剂的性能指标应符合国家和上海市现行相关标准、规程的要求。

3.2.12 结构加固所采用的材料应尽量考虑能满足其相应后续使用年限的要求。对使用胶粘方法或掺有聚合物加固的结构、构件，应定期检查其工作状态；检查的时间间隔应由加固设计单位确定,但第一次检查时间不应迟于 10 年。

3.2.13 未经技术鉴定或设计许可,不得改变已经抗震鉴定和加固后建筑的用途及使用环境。

4 场地、地基和基础鉴定

4.1 一般规定

4.1.1 抗震鉴定时，本市的建筑场地，除远郊低丘陵地区少数基岩露头或浅埋处，以及湖沼平原区浅部有硬土层分布区外，均属现行上海市工程建设规范《建筑抗震设计标准》DGJ 08—9 所划分的Ⅳ类场地。

4.1.2 在岸边、边坡的边缘、故河道或暗埋的塘、浜、沟等不利地段采用浅埋基础的甲、乙类建筑，应进行专门的抗震鉴定或专项研究。

4.1.3 进行地基和基础的抗震鉴定时，应根据地基基础的静载缺陷程度、地基液化的影响情况，以及地基基础的抗震承载力验算结果进行综合评判。

4.1.4 对地基基础检测鉴定时，宜重点检查基础与承重砖墙连接处的斜向阶梯形裂缝、水平裂缝和竖向裂缝状况，基础与柱根部连接处的水平裂缝状况，房屋的倾斜位移状况，地基滑坡、稳定和土体变形开裂情况。

4.1.5 当缺失地质勘查资料或资料不足时，应适当补充勘探点，查明土层分布情况和土的物理力学性质；当场地条件不适宜补充勘查时，可参考相邻工程的地质勘查资料。必要时，可通过局部开挖进行基础检测；通过在基础下或在基础的近侧进行载荷试验确定地基的承载力。

4.1.6 A 类和 B 类建筑在进行地基基础抗震承载力验算时，应按本标准第 4.4 节的方法执行；C 类建筑在进行地基基础抗震鉴定时，应按现行上海市工程建设规范《建筑抗震设计标准》DGJ 08—9 的规定执行。

4.1.7 符合下列情况之一的现有建筑，可不进行地基基础的抗震鉴定：

1 丁类建筑。

2 7 度时，地基基础现状无严重静载缺陷，且地基主要受力层范围内不存在饱和砂土和饱和砂质粉土的乙类、丙类建筑。

4.2 地基基础的静载缺陷

4.2.1 对地基基础现状的检测鉴定，应着重调查上部结构的不均匀沉降裂缝和倾斜情况；当基础无腐蚀、酥碎、松散和剥落，上部结构无不均匀沉降裂缝和倾斜或虽有裂缝、倾斜但不严重且无发展趋势，该地基基础可评为无严重静载缺陷。

4.2.2 当地基基础有下列现象之一时，可评定为其有严重静载缺陷：

1 基础产生严重的老化、腐蚀、酥碎、剥落或折断。

2 地基沉降导致基础中心最大沉降量或房屋最大沉降差大于控制限值时。基础中心最大沉降量的控制限值可采用现行上海市工程建设规范《地基基础设计标准》DGJ 08—11 允许值的1.5 倍；房屋最大相对沉降差或倾斜率的控制限值宜取 5‰～10‰。

3 砌体结构承重墙体产生宽度大于 10 mm 的单条沉降裂缝或宽度大于 5 mm 的多条平行沉降裂缝；预制构件之间的连接部位出现宽度大于 3 mm 的沉降裂缝；现浇混凝土结构出现沉降裂缝。

4 经静力验算，地基承载力小于上部传来的荷载效应的 85%。验算时，地基承载力可按本标准第 4.4.2 条的规定取地基土长期压密后提高的地基承载力。

5 经静力验算，基础结构承载能力小于基础作用效应的 90%。

4.3 地基液化的影响

4.3.1 应根据房屋的抗震设防烈度和基础类型，对地基液化的可能性进行判别。当初步判别认为无地基液化的可能时，可不考虑地基液化对地基基础抗震安全性的影响。初步判别地基不液化的条件如下：

1 基础下主要受力层不存在饱和砂土或饱和砂质粉土。

2 符合现行上海市工程建设规范《地基基础设计标准》DGJ 08—11 初步判别不考虑液化的建筑。

3 按现行上海市工程建设规范《地基基础设计标准》DGJ 08—11 规定可不进行桩基抗震验算的建筑。

4 已经进行过地基处理，完全消除了地基液化可能或液化等级属于轻微液化，上部房屋结构整体性较好。

注：地基主要受力层范围：对于基础宽度小于 5 m 的条形基础和独立基础，分别指基础底面以下 3 倍和 1.5 倍基础宽度，但不小于 5 m 的深度范围。

4.3.2 当初步判别认为需进行地基土液化的进一步判别时，可按照现行上海市工程建设规范《建筑抗震设计标准》DGJ 08—9，根据标准贯入试验或静力触探试验结果进行土层液化可能性的判别。

4.3.3 经判别地基无液化可能或者液化等级虽属于轻微液化，但上部房屋结构整体性较好，同时又无严重静载缺陷和不处于危险地段的地基基础，可鉴定为满足抗震安全要求。

4.3.4 经判别地基的液化等级分别为轻微、中等、严重时，应根据其造成的后果和房屋结构整体性及各种其他因素，综合选择合适的处理措施。

4.4 抗震承载力的验算

4.4.1 下列建筑物当不位于边坡上或边坡附近时，可不进行地基和基础的抗震承载力验算：

1 采用天然地基上浅基础的砌体结构房屋。

2 采用天然地基上浅基础，而地基主要受力层范围内无淤泥、松散填土或可液化土层的下列建筑物：

1） 一般单层厂房、单层空旷房屋。

2） 不超过八层且高度在 24 m 以下的一般框架结构、抗震墙结构和框架-抗震墙结构民用房屋。

3） 基础荷载与本款第 2)项框架结构民用建筑相当的多层框架结构厂房。

3 承受竖向荷载为主的低承台桩基，且桩端和桩周无可液化土层，承台周围无淤泥、淤泥质土、松散填土和可液化土层的下列建筑物：

1） 砌体结构房屋。

2） 本条第 2 款所列的房屋。

4 现行上海市工程建设规范《建筑抗震设计标准》DGJ 08—9 规定可不进行上部结构抗震验算的建筑。

4.4.2 对于天然地基上的浅基础，当需进行竖向地基承载力抗震验算时，应满足下列要求：

1 在地震作用下基础底面与地基土之间零应力区面积不宜超过基础底面面积的 15%；高宽比大于 4 的建筑，基础底面不应出现零应力区。

2 基底平均压应力设计值和基底边缘处最大压应力设计值应分别满足式(4.4.2-1)和式(4.4.2-2)。

$$p \leqslant \frac{f_d}{\gamma'_{RE}} \tag{4.4.2-1}$$

$$p_{max} \leqslant \frac{1.2 f_d}{\gamma'_{RE}} \tag{4.4.2-2}$$

$$f_d = \xi_c f_s \tag{4.4.2-3}$$

式中：p ——在地震作用效应和其他作用效应的基本组合下的基底平均压应力设计值(kPa)，但作用分项系数均取1.0。

p_{max} ——在地震作用效应和其他作用效应的基本组合下的基底边缘处最大压应力设计值(kPa)，但作用分项系数均取1.0。

f_s ——静态下初始地基承载力设计值(kPa)。其值可按原地质勘察资料提供的相应值；当勘察资料缺失时，可通过补充勘察或根据相邻工程地质资料确定。

f_d ——考虑地基土长期压密情况下地基土承载力提高的静态地基承载力设计值(kPa)。

ξ_c ——考虑地基土长期压密的承载力提高系数，可按表4.4.2-1采用。

γ'_{RE} ——地基承载力抗震综合调整系数，按表4.4.2-2取用。

表 4.4.2-1 地基土因长期压密静承载力提高系数 ξ_c

地基土的状况	基础底面实际平均压应力与地基承载力的比值 p_o/f_s			
	1.0	0.8	0.4	<0.4
长期压密达8年的地基土	1.1	1.05	1.0	1.0
长期压密超过20年的地基土	1.2	1.1	1.05	1.0

注：当长期压密的年限在8年～20年之间时，提高系数 ξ_c 可按表中线性内插。

表 4.4.2-2 地基承载力抗震综合调整系数 γ'_{RE}

持力层土名称	γ'_{RE}	
	A类建筑地基	B类建筑地基
淤泥质黏性土、填土	0.8	0.9
粉性土	0.8	0.8
一般黏性土、粉砂	0.75	0.75

4.4.3 对于天然地基上的浅基础，当需进行水平抗滑承载力验算时，抗滑阻力可采用基础底面摩擦力和基础正侧面土的水平抗力之和；基础正侧面土的水平抗力，可取其被动土压力的 1/3；抗滑安全系数不宜小于 1.1。当刚性地坪的宽度不小于地坪孔口承压面宽度的 3 倍时，尚可利用刚性地坪的抗滑能力。

4.4.4 桩基抗震承载力验算时，当桩身材料强度不为控制因素，非液化土的单桩抗震竖向承载力设计值可按其静承载力的 1.4 倍采用；单桩抗震水平承载力设计值可按其静承载力的 1.25 倍采用。

5 多层砌体房屋鉴定

5.1 一般规定

5.1.1 本章适用于烧结普通黏土砖、烧结多孔黏土砖、混凝土中型空心砌块、混凝土小型空心砌块、粉煤灰中型实心砌块砌体承重的多层房屋。

注：1. 对于单层砌体房屋，当横墙间距不超过三开间时，可按本章规定的原则进行抗震鉴定。

2. 本章中烧结普通黏土砖、烧结多孔黏土砖、混凝土小型空心砌块、混凝土中型空心砌块、粉煤灰中型实心砌块分别简称为普通砖、多孔砖、混凝土小砌块、混凝土中砌块、粉煤灰中砌块。

5.1.2 现有多层砌体房屋抗震鉴定时，房屋的高度和层数、抗震墙的厚度和间距、墙体实际达到的砂浆强度等级和砌筑质量、墙体交接处的连接以及女儿墙、楼梯间和出屋面烟囱等易引起倒塌伤人的部位应重点检查；7、8 度时，尚应检查墙体布置的规则性，检查楼、屋盖处的圈梁，检查楼、屋盖与墙体的连接构造等。

5.1.3 多层砌体房屋的外观和内在质量应符合下列要求：

1 墙体不空鼓、无严重酥碱和明显歪闪。

2 支承大梁、屋架的墙体无竖向裂缝，承重墙、自承重墙及其交接处无明显裂缝。

3 木楼、屋盖构件无明显变形、腐朽、蚁蚀和严重开裂。

4 混凝土构件应符合本标准第 6.1.3 条的有关规定。

5.1.4 现有砌体房屋的抗震鉴定，应按房屋高度和层数、结构体系的合理性、墙体材料的实际强度、房屋整体性连接构造的可靠性、局部易损易倒部位构件自身及其与主体结构连接构造的可靠性进行抗震措施鉴定，对墙体及房屋整体抗震承载力进行验算，通过以上综合分析对整幢房屋的抗震能力进行鉴定。

5.2 A 类砌体房屋抗震鉴定

（Ⅰ）抗震措施鉴定

5.2.1 现有砌体房屋的高度和层数应符合下列要求：

1 房屋的高度和层数不宜超过表 5.2.1 所列的范围。对横向抗震墙较少的房屋，其适用高度和层数应比表 5.2.1 中的规定分别降低 3 m 或一层；对横向抗震墙很少的房屋，还应再减少一层。

2 当超过规定的适用范围时，应提高对综合抗震能力的要求或提出改变结构体系的要求等。

表 5.2.1 A 类砌体房屋的最大高度(m)和层数限制

墙体类别	墙体厚度（mm）	6 度		7 度		8 度	
		高度	层数	高度	层数	高度	层数
普通砖实心墙	≥220	24	八	22	七	19	六
多孔砖墙	≥240	22	七	19	六	16	五
普通砖空斗墙	≥220	10	三	10	三	10	三
混凝土中砌块墙	≥240	19	六	19	六	13	四
混凝土小砌块墙	≥190	22	七	22	七	16	五
粉煤灰中砌块墙	≥240	19	六	19	六	13	四
	190～240	16	五	16	五	10	三

注：1. 房屋高度计算方法同现行上海市工程建设规范《建筑抗震设计标准》DGJ 08—9 的规定。

2. 乙类设防时，应允许按本地区设防烈度查表，但层数应减少一层，且总高度应降低 3 m。

5.2.2 现有砌体房屋的结构体系应按下列规定进行检查：

1 房屋实际的抗震横墙间距和高宽比应符合下列刚性体系的要求：

1）抗震横墙的最大间距应符合表 5.2.2 的规定。

2）房屋的高度与宽度(有外廊的房屋,此宽度不包括其走廊宽度)之比不宜大于 2.2,且高度不大于底层平面的最长尺寸。

2 7、8 度时,房屋的平、立面和墙体布置宜符合下列规则性的要求:

1）质量和刚度沿高度分布比较规则均匀,立面高度变化不超过一层,同一楼层的楼板标高相差不大于 500 mm。

2）楼层的质心和计算刚心基本重合或接近。

3 跨度不小于 6 m 的大梁,不宜由独立砖柱支承;乙类设防时,不应由独立砖柱支承。

4 教学楼、医疗用房等横墙较少、跨度较大的房间,宜为现浇或装配整体式楼、屋盖。

表 5.2.2 A 类砌体房屋刚性体系抗震横墙的最大间距(m)

楼、屋盖类别	墙体类别	墙体厚度(mm)	6、7 度	8 度
现浇或装配整体式混凝土	普通砖实心墙	≥220	15	15
	其他墙体	≥180	13	10
装配式混凝土	普通砖实心墙	≥220	11	11
	其他墙体	≥180	10	7
木、砖拱	普通砖实心墙	≥220	7	7

5.2.3 承重墙体的砖、砌块和砂浆实际达到的强度等级应符合下列要求:

1 砖强度等级不宜低于 MU7.5,且不低于砌筑砂浆强度等级;中型砌块的强度等级不宜低于 MU10,小型砌块的强度等级不宜低于 MU5。砖、砌块的强度等级低于上述规定一级以内时,墙体的砂浆强度等级宜按比实际达到的强度等级降低一级采用。

2　墙体的砌筑砂浆强度等级：7度时，二层及以下的砖砌体不应低于M0.4；超过二层或8度时，不宜低于M1。砌块墙体不宜低于M2.5。砂浆强度等级高于砖、砌块的强度等级时，墙体的砂浆强度等级宜按砖、砌块的强度等级采用。

5.2.4　现有房屋的整体性连接构造应符合下列要求：

1　墙体布置在平面内应闭合，纵横墙交接处应有可靠连接，不应被烟道、通风道等竖向孔道削弱；乙类设防时，尚应按本地区抗震设防烈度和表5.2.4-1检查构造柱设置情况。

2　木屋架不应为无下弦的人字屋架，隔开间应有一道竖向支撑或有木望板和木龙骨顶棚。

3　装配式混凝土楼盖、屋盖(或木屋盖)砖房的圈梁布置和配筋，不应少于表5.2.4-2的规定；纵墙承重房屋的圈梁布置要求应相应提高；空斗墙和180 mm厚砖墙的房屋，外墙每层应有圈梁。

4　装配式混凝土楼盖、屋盖的砌块房屋，每层均应有圈梁；其中，内墙上圈梁的水平间距与配筋应分别符合表5.2.4-2的规定。

表5.2.4-1　乙类设防时A类砖房构造柱设置要求

<table>
<tr><th colspan="2">房屋层数</th><th colspan="2" rowspan="2">设置部位</th></tr>
<tr><th>7度</th><th>8度</th></tr>
<tr><td>三、四</td><td>二、三</td><td rowspan="3">外墙四角，错层部位横墙与外纵墙交接处，较大洞口两侧，大房间内外墙交接处</td><td>7、8度时，楼梯间、电梯间四角</td></tr>
<tr><td>五、六</td><td>四</td><td>隔开间横墙(轴线)与外墙交接处，山墙与内纵墙交接处；7、8度时，楼梯间、电梯间四角</td></tr>
<tr><td></td><td>五</td><td>内墙(轴线)与外墙交接处，内墙的局部较小墙垛处；7、8度时，楼梯间、电梯间四角</td></tr>
</table>

注：横墙较少时，按增加一层的层数查表；砌块房屋按表中提高一度的要求检查构造柱(已按8度考虑时不再提高)。

表 5.2.4-2　A 类砌体房屋圈梁的布置和构造要求

位置和配筋量		7 度	8 度
屋盖	外墙	除层数为两层的预制板或有木望板、木龙骨吊顶时，均应有	均应有
	内墙	同外墙，且纵横墙上圈梁的水平间距分别不应大于 8 m 和 16 m	纵横墙上圈梁的水平间距分别不应大于 8 m 和 12 m
楼盖	外墙	横墙间距大于 8 m 或层数超过四层时应隔层有	横墙间距大于 8 m 时，每层应有，横墙间距不大于 8 m 层数超过三层时，应隔层有
	内墙	横墙间距大于 8 m 或层数超过四层时，应隔层有且圈梁的水平间距不应大于 16 m	同外墙，且圈梁的水平间距不应大于 12 m
配筋量		4ϕ8	4ϕ10

注：6 度时，同非抗震要求。

5.2.5　现有房屋的整体性连接构造尚应满足下列要求：

1　纵横墙交接处应咬槎较好；当为马牙槎砌筑或有钢筋混凝土构造柱时，沿墙高每 10 皮砖（中型砌块每道水平灰缝）或 500 mm 应有 2ϕ6 拉结钢筋；空心砌块有钢筋混凝土芯柱时，芯柱在楼层上下应连通，且沿墙高每隔 600 mm 应有ϕ4 点焊钢筋网片与墙拉结。

2　楼盖、屋盖的连接应符合下列要求：

1） 楼盖、屋盖构件的支承长度不应小于表 5.2.5 的规定。

2） 混凝土预制构件应有坐浆；预制板缝应有混凝土填实，板上应有水泥砂浆面层。

表 5.2.5　楼盖、屋盖构件的最小支承长度(mm)

构件名称	混凝土预制板		预制进深梁	木屋架、木大梁	对接檩条	木龙骨、木檩条
位置	墙上	梁上	墙上	墙上	屋架上	墙上
支承长度	100	80	180 且有梁垫	240	60	120

3　圈梁的布置和构造尚应符合下列要求：

1）现浇和装配整体式钢筋混凝土楼盖、屋盖可无圈梁。

2）圈梁截面高度，多层砖房不宜小于 120 mm，中型砌块房屋不宜小于 200 mm，小型砌块房屋不宜小于 150 mm。

3）圈梁位置与楼盖、屋盖宜在同一标高或紧靠板底。

4）砖拱楼盖、屋盖房屋，每层所有内外墙均应有圈梁，当圈梁承受砖拱楼盖、屋盖的推力时，配筋量不应少于 4Φ12。

5）屋盖、楼盖处的圈梁应现浇；现浇钢筋混凝土板墙或钢筋网水泥砂浆面层中的配筋加强带可代替该位置上的圈梁；与纵墙圈梁有可靠连接的进深梁或配筋板带也可代替该位置上的圈梁。

5.2.6　房屋中易引起局部倒塌的部件及其连接应满足下列要求：

1　出入口或人流通道处的女儿墙和门脸等装饰物应有锚固。

2　出屋面小烟囱在出入口或人流通道处应有防倒塌措施。

3　钢筋混凝土挑檐、雨罩等悬挑构件应有足够的稳定性。

5.2.7　楼梯间的墙体，悬挑楼层、通长阳台或房屋尽端局部悬挑阳台，过街楼的支承墙体，与独立承重砖柱相邻的承重墙体，均应提高有关墙体承载能力的要求。

5.2.8　房屋中易引起局部倒塌的部件及其连接尚应分别符合下列规定：

1　现有结构构件的局部尺寸、支承长度和连接应符合下列要求：

1）承重的门窗间墙最小宽度和外墙尽端至门窗洞边的距离及支承跨度大于 5 m 的大梁的内墙阳角至门窗洞边的距离，7、8 度时分别不宜小于 0.8 m 和 1.0 m。

2）非承重的外墙尽端至门窗洞边的距离，7、8 度时，不宜小于 0.8 m。

3）楼梯间及门厅跨度不小于 6 m 的大梁，在砖墙转角处的支承长度不宜小于 490 mm。

4）出屋面的楼梯间、电梯间和水箱间等小房间，8 度时，墙体的砂浆强度等级不宜低于 M2.5；门窗洞口不宜过大；预制楼盖、屋盖与墙体应有连接。

2 非结构构件的现有构造应符合下列要求：

1）隔墙与两侧墙体或柱应有拉结，长度大于 5.1 m 或高度大于 3 m 时，墙顶还应与梁板有连接。

2）无拉结女儿墙和门脸等装饰物，当砌筑砂浆的强度等级不低于 M2.5 且厚度为 240 mm 时，其突出屋面的高度，对整体性不良或非刚性结构的房屋不应大于0.5 m，对刚性结构房屋的封闭女儿墙不宜大于 0.9 m。

（Ⅱ）抗震承载力验算

5.2.9 A 类现有砌体房屋抗震措施符合本节上述各项规定时，其抗震承载力可按本标准第 5.2.10 条的方法采用抗震横墙间距和宽度的限值进行简化验算。当简化验算结果不能满足本标准第 5.2.10条要求，或抗震措施不满足本标准第 5.2.1～第 5.2.8 条要求时，应按本标准 5.2.11 条的方法考虑构造的体系影响和局部影响进行抗震分析，综合评定多层砌体房屋的抗震性能。对不能满足抗震鉴定要求的房屋，应要求对其采取加固或其他相应措施。

5.2.10 A 类现有砌体房屋的抗震承载力，当采用抗震横墙间距和宽度的限值进行简化验算时，应满足下列要求：

1 层高在 3 m 左右、墙厚不小于 220 mm 的普通黏土砖房屋，当在层高的 1/2 处门窗洞所占的水平截面面积，对承重横墙不大于总截面面积的 25%、对承重纵墙不大于总截面面积的 50%时，其承重横墙间距和房屋宽度的限值宜按表 5.2.10-1 采用；其他墙体的房屋，应按表 5.2.10-1 的限值乘以表 5.2.10-2 规定的抗震墙体类别修正系数采用。

表 5.2.10-1　简化验算时的抗震横墙间距和房屋宽度限值(m)

楼层总数	检查楼层	砂浆强度等级															
		M0.4		M1		M2.5		M5		M1		M2.5		M5		M10	
		L	B	L	B	L	B	L	B	L	B	L	B	L	B	L	B
		7 度								8 度							
二	2	4.8	7.1	7.9	11	12	15	15	15	5.3	7.8	7.8	12	10	15		
	1	4.2	6.2	6.4	9.5	9.2	13	12	15	4.3	6.4	6.2	8.9	8.4	12		
三	3			7.0	10	11	15	15	15	4.7	6.7	7.0	9.9	9.7	14	13	15
	1～2			5.0	7.4	6.8	10	9.2	13	3.3	4.9	4.6	6.8	6.2	8.8	7.7	11
四	4			6.6	9.5	9.8	12	12	12	4.4	5.7	6.5	9.2	9.1	12	12	12
	3			4.6	6.7	6.5	9.5	8.9	12	—	—	4.3	6.3	5.9	8.5	7.6	11
	1～2			4.1	6.2	5.7	8.5	7.5	11	—	—	3.8	5.1	5.0	7.3	6.2	9.1
五	5			6.3	9.0	9.4	12	12	12			6.3	8.9	8.8	12	11	12
	4			4.3	6.3	6.1	8.9	8.3	12			4.1	5.9	5.5	7.8	7.1	10
	1～3			3.6	5.4	4.9	7.4	6.4	9.4			3.3	4.5	4.3	6.3	5.3	7.8
六	6			6.1	8.8	9.2	12	12	12			3.9	6.0	3.9	6.0	3.9	5.9
	5			4.1	6.0	5.8	8.5	7.8	11			—	—	3.9	5.5	3.9	5.9
	4			—	—	4.8	7.1	6.4	9.3			—	—	3.2	4.7	3.9	5.9
	1～3			—	—	4.4	6.6	5.7	8.4			—	—	—	—	3.9	5.9
七	7					3.9	7.2	3.9	7.2								
	6					3.9	7.2	3.9	7.2								
	5					3.9	7.2	3.9	7.2								
	1～4							3.9	7.2								

注：1. L 指≥220 mm 厚承重横墙间距限值。楼、屋盖为刚性时，取平均值；柔性时，取最大值；中等刚性时，可相应换算。

2. B 指≥220 mm 厚纵墙承重的房屋宽度限值。有一道同样厚度的内纵墙时，可取 1.4 倍；有 2 道时，可取 1.8 倍；平面局部突出时，房屋宽度可按加权平均值计算。

3. 楼盖为混凝土而屋盖为木屋架或钢木屋架时，表中顶层的限值宜乘以 0.7。

表 5.2.10-2　抗震墙体类别修正系数

墙体类别	空斗墙	多孔砖墙	小型砌块墙	中型砌块墙	实心墙		
厚度(mm)	220	190	t	t	180	370	490
修正系数	0.60	0.80	$0.8t/240$	$0.6t/240$	0.75	1.40	1.80

注：t 指砌块墙体的厚度(mm)。

2　自承重墙的限值可按本条第 1 款规定值的 1.25 倍采用。

3　对本标准第 5.2.7 条规定的情况，其限值宜按本条第 1、2 款规定值的 0.8 倍采用；突出屋面的楼梯间、电梯间和水箱间等小房间，其限值宜按本条第 1、2 款规定值的 1/3 采用。

5.2.11　A 类现有砌体房屋的抗震承载力验算可采用底部剪力法，并可按现行上海市工程建设规范《建筑抗震设计标准》DGJ 08—9 的规定，采用本标准式(5.3.14)进行构件抗震承载力验算。验算时，尚应采用以下体系影响系数和局部影响系数对构件承载力进行折减：

1　体系影响系数可根据房屋不规则性、非刚性和整体性连接不符合抗震措施鉴定要求的程度，经综合分析后确定；也可由表 5.2.11-1 中各项系数的乘积确定。当砖砌体的砂浆强度等级为 M0.4 时，尚应乘以 0.9；丙类设防的房屋，当有构造柱或芯柱时，尚可根据满足本标准第 5.3 节中相关规定的程度乘以 1.0～1.2 的系数；乙类设防的房屋，当构造柱或芯柱不符合规定时，尚应乘以0.80～0.95 的系数。

2　局部影响系数可根据易引起局部倒塌各部位不符合抗震措施鉴定要求的程度，经综合分析后确定；也可由表 5.2.11-2 各项系数中的最小值确定。

表 5.2.11-1　体系影响系数值

项目	不符合的程度	ψ_1	影响范围
房屋高宽比 η	$2.2<\eta<2.6$ $2.6<\eta<3.0$	0.85 0.75	上部 1/3 楼层 上部 1/3 楼层

续表 5.2.11-1

项目	不符合的程度	ψ_1	影响范围
横墙间距	超过表 5.2.2 中的最大值在 4 m 以内	0.90	不满足的楼层
错层高度	＞0.5 m	0.90	错层上、下
立面高度变化	超过一层	0.90	所有变化的楼层
相邻楼层的墙体刚度比 λ	$2<\lambda\leqslant3$ $\lambda>3$	0.85 0.75	刚度小的楼层 刚度小的楼层
楼、屋盖构件的支承长度	比规定小 15%以内 比规定小 15%～25%	0.90 0.80	不满足的楼层 不满足的楼层
圈梁布置和构造	屋盖外墙不符合 楼盖外墙一道不符合 楼盖外墙两道不符合 内墙不符合	0.70 0.90 0.80 0.90	顶层 缺圈梁的上、下楼层 所有楼层 不满足的上、下楼层

注：单项不符合的程度超过表内规定或不符合的项目超过 3 项时，应采取加固或其他相应措施。

表 5.2.11-2　局部影响系数值

项目	不符合的程度	ψ_2	影响范围
墙体局部尺寸	比规定小 10%以内 比规定小 10%～20%	0.95 0.90	不满足的楼层 不满足的楼层
楼梯间等大梁的支撑长度 l	$370\ \text{mm}<l<490\ \text{mm}$	0.80	该楼层
出屋面小房间		0.33	出屋面小房间
支承悬挑结构构件的承重墙体		0.80	该楼层和墙段
房屋尽端设过街楼或楼梯间		0.80	该楼层和墙段
有独立砌体柱承重的房屋	柱顶有拉结 柱顶无拉结	0.80 0.60	楼层、柱两侧相邻墙段 楼层、柱两侧相邻墙段

注：不符合的程度超过表内规定时，应采取加固或其他相应措施。

5.3 B类砌体房屋抗震鉴定

（Ⅰ）抗震措施鉴定

5.3.1 现有B类多层砌体房屋实际的层数和总高度不应超过表5.3.1规定的限值；对教学楼、医疗用房等横墙较少的房屋总高度，应比表5.3.1的规定降低3 m，层数相应减少一层；各层横墙很少的房屋，还应再减少一层。

当房屋层数和高度超过最大限值时，应提高对综合抗震能力的要求或提出采取改变结构体系等抗震减灾措施。

表5.3.1 B类砌体房屋的最大高度(m)和层数限值

墙体类别	墙体厚度(mm)	6度		7度		8度	
		高度	层数	高度	层数	高度	层数
普通砖实心墙	≥220	24	八	21	七	18	六
多孔砖墙	≥240	21	七	21	七	18	六
混凝土中砌块墙	≥240	18	六	15	五	9	三
混凝土小砌块墙	≥190	21	七	18	六	15	五
粉煤灰中砌块墙	≥240	18	六	15	五	9	三

注：1. 房屋高度计算方法同现行上海市工程建设规范《建筑抗震设计标准》DGJ 08—9的规定。
2. 乙类设防时，应允许按上海地区设防烈度查表，但层数应减少一层且总高度应降低3 m。

5.3.2 现有普通砖和240 mm厚多孔砖房屋的层高，不宜超过4 m；190 mm厚砌块房屋的层高，不宜超过3.6 m。

5.3.3 现有多层砌体房屋的结构体系应符合下列要求：

1 房屋抗震横墙的最大间距不应超过表5.3.3-1的要求。

表 5.3.3-1　B 类多层砌体房屋的抗震横墙最大间距(m)

楼盖、屋盖类别	普通砖、多孔砖房屋		中砌块房屋			小砌块房屋		
	6、7 度	8 度	6 度	7 度	8 度	6 度	7 度	8 度
现浇和装配整体式钢筋混凝土	18	15	13	13	10	15	15	11
装配式钢筋混凝土	15	11	10	10	7	11	11	7
木	11	7	不宜采用					

2　房屋总高度与总宽度的最大比值(高宽比)宜符合表 5.3.3-2 的要求。

表 5.3.3-2　房屋最大高宽比

烈度	6	7	8
最大高宽比	2.5	2.5	2.0

注:单面走廊房屋的总宽度不包括走廊宽度。

3　纵横墙的布置宜均匀对称,沿平面内宜对齐,沿竖向应上下连续;同一轴线上的窗间墙宽度宜均匀。

4　8 度时,房屋立面高差在 6 m 以上,或有错层且楼板高差较大,或各部分结构刚度、质量截然不同时,宜有防震缝,缝两侧均应有墙体,缝宽宜为 50 mm～100 mm。

5　房屋的尽端和转角处不宜有楼梯间。

6　跨度不小于 6 m 的大梁,不宜由独立砖柱支承;乙类设防时,不应由独立砖柱支承。

7　教学楼、医疗用房等横墙较少、跨度较大的房间,宜为现浇或装配整体式楼盖、屋盖。

8　同一结构单元的基础(或桩承台)宜为同一类型,底面宜埋置在同一标高上;否则,应有基础圈梁并应按 1∶2 的台阶逐步放坡。

5.3.4　多层砌体房屋材料实际达到的强度等级应符合下列要求:

1　承重墙体的砌筑砂浆实际达到的强度等级,砖墙体不应低于 M2.5，砌块墙体不应低于 M5。

2 砌体块材实际达到的强度等级，普通砖、多孔砖不应低于 MU7.5，混凝土小砌块不宜低于 MU5，混凝土中型砌块、粉煤灰中砌块不宜低于 MU10。

3 构造柱、圈梁、混凝土小砌块芯柱实际达到的混凝土强度等级不宜低于 C15，混凝土中砌块芯柱混凝土强度等级不宜低于 C20。

5.3.5 现有砌体房屋的整体性连接构造应符合下列要求：

1 墙体布置在平面内应闭合，纵横墙交接处应咬槎砌筑，烟道、风道、垃圾道等不应削弱墙体；当墙体被削弱时，应对墙体采取加强措施。

2 现有砌体房屋在下列部位应有钢筋混凝土构造柱或芯柱：

1）砖砌体房屋的钢筋混凝土构造柱应按表 5.3.5-1 的要求检查。粉煤灰中砌块房屋应根据增加一层后的层数，按表 5.3.5-1 的要求检查。

2）混凝土小砌块房屋的钢筋混凝土芯柱应按表 5.3.5-2 的要求检查。

3）混凝土中砌块房屋的钢筋混凝土芯柱应按表 5.3.5-3 的要求检查。

表 5.3.5-1 B 类砖房构造柱设置要求

<table>
<tr><th colspan="3">房屋层数</th><th colspan="2" rowspan="2">设置部位</th></tr>
<tr><th>6 度</th><th>7 度</th><th>8 度</th></tr>
<tr><td>四、五</td><td>三、四</td><td>二、三</td><td rowspan="3">外墙四角，错层部位横墙与外纵墙交接处，较大洞口两侧，大房间内外墙交接处</td><td>7、8 度时，楼梯间、电梯间四角</td></tr>
<tr><td>六～八</td><td>五、六</td><td>四</td><td>隔开间横墙（轴线）与外墙交接处，山墙与内纵墙交接处；7、8 度时，楼梯间、电梯间四角</td></tr>
<tr><td>—</td><td>七</td><td>五、六</td><td>内墙（轴线）与外墙交接处，内墙的局部较小墙垛处；7、8 度时，楼梯间、电梯间四角</td></tr>
</table>

表 5.3.5-2 混凝土小砌块房屋芯柱设置要求

房屋层数			设置部位	设置数量
6度	7度	8度		
四、五	三、四	二、三	外墙转角，楼梯间四角；大房间内外墙交接处	外墙四角，填实3个孔；内外墙交接处，填实4个孔
六	五	四	外墙转角，楼梯间四角；大房间内外墙交接处，山墙与内纵墙交接处，隔开间横墙(轴线)与外纵墙交接处	
七	六	五	外墙转角，楼梯间、电梯间四角，各内墙(轴线)与外墙交接处，内墙的局部较小墙垛处	外墙四角，填实5个孔；内外墙交接处，填实4个孔；内墙交接处，填实4～5个孔；洞口两侧各填实1个孔

表 5.3.5-3 混凝土中砌块房屋芯柱设置要求

设防烈度	设置部位
6、7度	外墙四角，楼梯间四角，大房间内外墙交接处，山墙与内纵墙交接处，隔开间横墙(轴线)与外纵墙交接处
8度	外墙四角，楼梯间四角，横墙(轴线)与纵墙交接处，横墙门洞两侧，大房间内外墙交接处

4) 外廊式和单面走廊式的多层房屋，应根据房屋增加一层后的层数，分别按本款第1)～3)项的要求检查构造柱或芯柱，且单面走廊两侧的纵墙均应按外墙处理。

5) 教学楼、医疗用房等横墙较少的房屋，应根据房屋增加一层后的层数，分别按本款第1)～3)项的要求检查构造柱或芯柱；当教学楼、医疗用房等横墙较少的房屋为外廊式或单面走廊式时，应按本款第1)～4)项的要求检查，但7度不超过三层和8度不超过二层时，应按增加二层后的层数进行检查。

3 钢筋混凝土圈梁的布置与配筋，应符合下列要求：

1）装配式钢筋混凝土楼盖、屋盖或木楼盖、屋盖的砖房，横墙承重时，现浇钢筋混凝土圈梁应按表 5.3.5-4 的要求检查；纵墙承重时，每层均应有圈梁，且抗震横墙上的圈梁间距应比表 5.3.5-4 的规定适当加密。

2）砌块房屋采用装配式钢筋混凝土楼盖时，每层均应有圈梁，圈梁的间距应按表 5.3.5-4 的规定提高一度的要求检查。

表 5.3.5-4　多层砖房现浇钢筋混凝土圈梁设置要求和配筋要求

<table>
<tr><th colspan="2" rowspan="2">墙类和配筋量</th><th colspan="2">烈　度</th></tr>
<tr><th>6、7</th><th>8</th></tr>
<tr><td rowspan="2">墙类</td><td>外墙和内纵墙</td><td>屋盖处及每层楼盖处</td><td>屋盖处及每层楼盖处</td></tr>
<tr><td>内横墙</td><td>同上；屋盖处间距不应大于 7 m；楼盖处间距不应大于 15 m；构造柱对应部位</td><td>同上；屋盖处沿所有横墙，且间距不应大于 7 m；楼盖处间距不应大于 7 m；构造柱对应部位</td></tr>
<tr><td colspan="2">最小纵筋</td><td>4ϕ8</td><td>4ϕ10</td></tr>
<tr><td colspan="2">最大箍筋间距(mm)</td><td>250</td><td>200</td></tr>
</table>

4 现有房屋楼盖、屋盖及其与墙体的连接应符合下列要求：

1）现浇钢筋混凝土楼板或屋面板伸进外墙和不小于 240 mm 厚内墙的长度不应小于 120 mm；伸进 190 mm 厚内墙的长度不应小于 90 mm。

2）装配式钢筋混凝土楼板或屋面板，当圈梁未设在板的同一标高时，板端伸进外墙的长度不应小于 120 mm，伸进不小于 240 mm 厚内墙的长度不应小于 100 mm，伸进 190 mm 厚内墙的长度不应小于 80 mm，在梁上不应小于 80 mm。

3）当板的跨度大于 4.8 m 并与外墙平行时，靠外墙的预制板侧边与墙或圈梁应有拉结。

4）房屋端部大房间的楼盖及 8 度时房屋的屋盖，当圈梁设在板底时，钢筋混凝土预制板应相互拉结，并应与梁、墙或圈梁拉结。

5.3.6 钢筋混凝土构造柱（或芯柱）的构造与配筋尚应符合下列要求：

1 砖砌体房屋的构造柱最小截面可为 240 mm×180 mm，纵向钢筋宜为 4Φ12，箍筋间距不宜大于 250 mm，且在柱上下端宜适当加密，7 度超过六层和 8 度超过五层时，构造柱纵向钢筋宜为 4Φ14，箍筋间距不应大于 200 mm。

2 混凝土小砌块房屋芯柱截面，不宜小于 120 mm×120 mm；构造柱最小截面尺寸可为 240 mm×240 mm。芯柱（或构造柱）与墙体连接处应有拉结钢筋网片，竖向插筋应贯通墙身且与每层圈梁连接；插筋数量混凝土小砌块房屋不应少于 1Φ12，混凝土中砌块房屋，7 度时不应少于 1Φ14 或 2φ10，8 度时不应少于 1Φ16 或 2Φ12。

3 构造柱与圈梁应有连接；隔层设置圈梁的房屋，在无圈梁的楼层应有配筋砖带，仅在外墙四角有构造柱时，在外墙上应伸过一个开间，其他情况应在外纵墙和相应横墙上拉通，其截面高度不应小于 4 皮砖，砂浆强度等级不应低于 M5。

4 构造柱与墙连接处宜砌成马牙槎，并应沿墙高每隔 500 mm 有 2φ6 拉结钢筋，每边伸入墙内不宜小于 1 m。

5 构造柱应伸入室外地面下 500 mm，或锚入浅于 500 mm 的基础圈梁内。

5.3.7 钢筋混凝土圈梁的构造与配筋尚应符合下列要求：

1 现浇或装配整体式钢筋混凝土楼盖、屋盖与墙体有可靠连接的房屋，可无圈梁，但楼板应与相应的构造柱有钢筋可靠连接；砖拱楼盖、屋盖房屋，各层所有墙体均应有圈梁。

2 圈梁应闭合，遇有洞口应上下搭接。圈梁宜与预制板设在同一标高处或紧靠板底。

3 圈梁在表 5.3.5-4 要求的间距内无横墙时，可利用梁或板缝中配筋替代圈梁。

4 圈梁的截面高度不应小于 120 mm，当需要增设基础圈梁以加强基础的整体性和刚性时，截面高度不应小于 180 mm，配筋不应少于 4 Φ 12，砖拱楼盖、屋盖房屋的圈梁应按计算确定，但不应少于 4 ϕ 10。

5.3.8 砌块房屋墙体交接处或芯柱、构造柱与墙体连接处的拉结钢筋网片，每边伸入墙内不宜小于 1 m，且应符合下列要求：

1 混凝土小砌块房屋沿墙高每隔 600 mm 有 ϕ 4 点焊的钢筋网片。

2 混凝土中砌块房屋隔皮有 ϕ 6 点焊的钢筋网片。

3 粉煤灰中砌块 7 度时隔皮，8 度时每皮有 ϕ 6 点焊的钢筋网片。

5.3.9 房屋的楼盖、屋盖与墙体的连接尚应符合下列要求：

1 楼盖、屋盖的钢筋混凝土梁或屋架应与墙、柱(包括构造柱、芯柱)或圈梁可靠连接，梁与砖柱的连接不应削弱柱截面，各层独立砖柱顶部应在两个方向均有可靠连接。

2 坡屋顶房屋的屋架应与顶层圈梁有可靠连接，檩条或屋面板应与墙及屋架有可靠连接，房屋出入口和人流通道处的檐口瓦应与屋面构件锚固；8 度时，顶层内纵墙顶宜有支撑端山墙的踏步式墙垛。

5.3.10 房屋中易引起局部倒塌的部件及其连接应分别符合下列规定：

1 后砌的非承重砌体隔墙应沿墙高每隔 500 mm 有 2 ϕ 6 钢筋与承重墙或柱拉结，并每边伸入墙内不应小于 500 mm，8 度时长度大于 5.1 m 的后砌非承重砌体隔墙的墙顶尚应与楼板或梁有拉结。

2 下列非结构构件的构造不符合要求时，位于出入口或人流通道处应加固或采取相应措施：

1) 预制阳台应与圈梁和楼板的现浇板带有可靠连接。

2）钢筋混凝土预制挑檐应有锚固。

3）附墙烟囱及出屋面的烟囱应有竖向配筋。

3 门窗洞处不应为无筋砖过梁；过梁支承长度不应小于 240 mm。

4 房屋中砌体墙段实际的局部尺寸不宜小于表 5.3.10 的规定。

表 5.3.10 房屋的局部尺寸限值(m)

部位	烈度		
	6	7	8
承重窗间墙最小宽度	1.0	1.0	1.2
承重外墙尽端至门窗洞边的最小距离	1.0	1.0	1.2
非承重外墙尽端至门窗洞边的最小距离	1.0	1.0	1.0
内墙阳角至门窗洞边的最小距离	1.0	1.0	1.5
无锚固女儿墙(非出入口或人流通道处)最大高度	0.5	0.5	0.5

5.3.11 楼梯间应符合下列要求：

1 8 度时，顶层楼梯间横墙和外墙宜沿墙高每隔 500 mm 有 2ϕ6 通长钢筋。

2 8 度时，楼梯间及门厅内墙阳角处的大梁支承长度不应小于 500 mm，并应与圈梁有连接。

3 突出屋面的楼梯间、电梯间，构造柱应伸到顶部，并与顶部圈梁连接，内、外墙交接处应沿墙高每隔 500 mm 有 2ϕ6 拉结钢筋，且每边伸入墙内不应小于 1 m。

4 装配式楼梯段应与平台板的梁有可靠连接，不应有墙中悬挑式踏步或踏步竖肋插入墙体的楼梯，也不应有无筋砖砌栏板。

（Ⅱ）抗震承载力验算

5.3.12 B 类现有砌体房屋的抗震验算，可采用底部剪力法，并可按现行上海市工程建设规范《建筑抗震设计标准》DGJ 08—9 的规定，按本标准式(5.3.14)进行构件抗震承载力验算；当抗震措施不满足本标准第 5.3.1～第 5.3.11 条要求时，尚应按本标准第 5.2.11 条的方法采用体系影响系数和局部影响系数对构件承载力进行折减。其中，当构造柱或芯柱的设置不满足本节的相关规定时，体系影响系数尚应根据不满足程度乘以 0.80～0.95 的系数。

5.3.13 各类砌体沿阶梯形截面破坏的抗震抗剪强度设计值应按下式确定：

$$f_{vE}=\zeta_N f_v \tag{5.3.13}$$

式中：f_{vE} ——砌体沿阶梯形截面破坏的抗震抗剪强度设计值；

f_v ——非抗震设计的砌体抗剪强度设计值，按现行国家标准《砌体结构设计规范》GB 50003 采用；

ζ_N ——砌体抗震抗剪强度的正应力影响系数，按表 5.3.13 采用。

表 5.3.13 砌体抗震抗剪强度的正应力影响系数

砌体类别	σ_0/f_v								
	0.0	1.0	3.0	5.0	7.0	10.0	15.0	20.0	25.0
普通砖、多孔砖	0.80	1.00	1.28	1.50	1.70	1.95	2.32	—	—
粉煤灰中砌块 混凝土中砌块	—	1.18	1.54	1.90	2.20	2.65	3.40	4.15	4.90
混凝土小砌块	—	1.25	1.75	2.25	2.60	3.10	3.95	4.80	—

注：σ_0 为对应于重力荷载代表值的砌体截面平均压应力。

5.3.14 普通砖、多孔砖、粉煤灰中砌块和混凝土中砌块墙体的截面抗震承载力应按下式验算：

$$V\leqslant f_{vE}A/\gamma_{RE} \tag{5.3.14}$$

式中：V ——墙体剪力设计值；

f_{vE} ——砌体沿阶梯形截面破坏的抗震抗剪强度设计值；

A ——墙体横截面面积；

γ_{RE} ——承载力抗震调整系数，应按本标准第 3.1.6 条采用。

5.3.15 当按式(5.3.14)验算不满足时，可计入设置于墙段中部、截面不小于 240 mm×240 mm 且间距不大于 4 m 的构造柱对受剪承载力的提高作用，按下列简化方法验算：

$$V \leqslant [\eta_c f_{vE}(A - A_c) + \zeta f_t A_c + 0.08 f_y A_s]/\gamma_{RE} \tag{5.3.15}$$

式中：A_c—— 中部构造柱的横截面总面积(对横墙和内纵墙，$A_c > 0.15A$ 时，取 $0.15A$；对外纵墙，$A_c > 0.25A$ 时，取 $0.25A$)；

f_t ——中部构造柱的混凝土轴心抗拉强度设计值，按现行国家标准《混凝土结构设计规范》GB 50010 采用；

A_s ——中部构造柱的纵向钢筋截面总面积(配筋率不小于 0.6%，大于 1.4%时，取 1.4%)；

f_y ——钢筋抗拉强度设计值，按现行国家标准《混凝土结构设计规范》GB 50010 采用；

ζ ——中部构造柱参与工作系数；居中设一根时，取 0.5，多于一根时取 0.4；

η_c ——墙体约束修正系数；一般情况下取 1.0，构造柱间距不大于 2.8 m 时取 1.1。

5.3.16 横向配筋普通砖、多孔砖墙的截面抗震承载力可按下式验算：

$$V \leqslant (f_{vE}A + 0.15 f_y A_s)/\gamma_{RE} \tag{5.3.16}$$

式中：A_s ——层间竖向截面中钢筋总截面面积。

5.3.17 混凝土小砌块墙体的截面抗震承载力应按下式验算：

$$V \leqslant [f_{vE}A + (0.3 f_t A_c + 0.05 f_y A_s)\zeta_c]/\gamma_{RE} \tag{5.3.17}$$

式中：f_t ——芯柱混凝土轴心抗拉强度设计值，按现行国家标准

《混凝土结构设计规范》GB 50010 采用；

A_c——芯柱截面总面积；

A_s——芯柱钢筋截面总面积；

ζ_c——芯柱影响系数，可按表 5.3.17 采用。

表 5.3.17 芯柱影响系数

填孔率 ρ	$\rho < 0.15$	$0.15 \leqslant \rho < 0.25$	$0.25 \leqslant \rho < 0.5$	$\rho \geqslant 0.5$
ζ_c	0	1.0	1.10	1.15

注：填孔率指芯柱根数与孔洞总数之比。

6 多层及高层钢筋混凝土房屋鉴定

6.1 一般规定

6.1.1 本章适用于现浇及装配整体式钢筋混凝土框架(包括填充墙框架)、框架-抗震墙及抗震墙结构,其最大高度(或层数)应符合下列规定:

1 A类钢筋混凝土房屋抗震鉴定时,房屋的总层数不超过10层。

2 B类钢筋混凝土房屋抗震鉴定时,房屋适用的最大高度应符合表6.1.1的要求;对不规则结构、有框支层抗震墙结构,适用的最大高度应适当降低。

表6.1.1 B类现浇钢筋混凝土房屋适用的最大高度(m)

<table>
<tr><th rowspan="2">结构类型</th><th colspan="3">烈 度</th></tr>
<tr><th>6</th><th>7</th><th>8</th></tr>
<tr><td>框架结构</td><td rowspan="3">同非抗震设计</td><td>55</td><td>45</td></tr>
<tr><td>框架-抗震墙结构</td><td>120</td><td>100</td></tr>
<tr><td>抗震墙结构</td><td>120</td><td>100</td></tr>
<tr><td>框支抗震墙结构</td><td>120</td><td>100</td><td>80</td></tr>
</table>

注:1. 房屋高度指室外地面到主要屋面板板顶的高度(不包括局部突出屋顶部分)。
2. 本章中的"抗震墙"指结构抗侧力体系中的钢筋混凝土剪力墙,不包括只承担重力荷载的混凝土墙。

6.1.2 现有钢筋混凝土房屋的抗震鉴定,应依据其设防烈度重点检查下列薄弱部位:

1 6度时,应检查局部易掉落伤人的构件、部件以及楼梯间非结构构件的连接构造。

2 7度时，除应按第1款检查外，尚应检查梁柱节点的连接方式、框架跨数及不同结构体系之间的连接构造。

3 8度时，除应按第1、2款检查外，尚应检查各构件间的连接、结构体型的规则性、短柱分布、使用荷载的大小和分布等。

6.1.3 钢筋混凝土房屋的外观和内在质量宜符合下列要求：

1 梁、柱及其节点的混凝土仅有少量微小开裂或局部剥落，钢筋无露筋、锈蚀。

2 填充墙无明显开裂或与框架脱开。

3 主体结构构件无明显变形、倾斜或歪扭。

6.1.4 现有钢筋混凝土房屋的抗震鉴定，应按结构体系的合理性、结构构件材料的实际强度、结构构件的纵向钢筋和横向箍筋的配置和构件连接的可靠性、填充墙等与主体结构的拉结构造以及构件抗震承载力的综合分析，对整幢房屋的抗震能力进行鉴定。

6.1.5 十层及十层以上的现有高层建筑宜设有地下室；未设时，应确保其整体结构的抗倾覆安全性。

6.1.6 当砌体结构与框架结构相连或依托于框架结构时，应加大砌体结构所承担的地震作用，再按本标准第5章进行抗震鉴定；对框架结构的鉴定，应计入两种不同性质的结构相连导致的不利影响。

6.1.7 砖女儿墙、门脸等非结构构件和凸出屋面的小房间，应符合本标准第5章的有关规定。

6.2 A类钢筋混凝土房屋抗震鉴定

（Ⅰ）抗震措施鉴定

6.2.1 现有A类钢筋混凝土房屋的结构体系应符合下列规定：

1 框架结构宜为双向框架，装配式框架宜有整浇节点，8度时，不应为铰接节点。

2 框架结构不宜为单跨框架；三层及三层以上的乙类建筑，不应为单跨框架；不超过三层的单跨框架乙类建筑，应提高其抗震承载能力。

3 8 度时，现有结构体系宜按下列规则性的要求检查：

1）平面局部突出部分的长度不宜大于宽度，且不宜大于该方向总长度的 30%。

2）除顶层外，立面局部缩进的尺寸不宜大于该方向水平总尺寸的 25%。

3）楼层侧向刚度不宜小于其相邻上层侧向刚度的 70%，且连续三层总的侧向刚度降低不宜大于 50%。

4）无砌体结构相连，且平面内的抗侧力构件及质量分布宜基本均匀对称。

4 8 度时，抗震墙之间无大洞口的楼盖、屋盖的长宽比，对于现浇和叠合梁板楼屋盖不宜超过 3.0，对于装配式楼盖不宜超过 2.5；超过时，应考虑楼盖、屋盖平面内变形的影响。

5 8 度时，厚度不小于 240 mm、砌筑砂浆强度等级不低于 M2.5 的抗侧力黏土砖填充墙，其平均间距应不大于表 6.2.1 规定的限值。

表 6.2.1 抗侧力黏土砖填充墙平均间距的限值

总层数	三	四	五	六
间距(m)	17	14	12	11

6.2.2 梁、柱、墙实际达到的混凝土强度等级，7 度时不应低于 C13，8 度时不应低于 C18。

6.2.3 框架结构应按下列规定检查梁柱配筋：

1 框架梁柱的纵向钢筋和横向箍筋的配置应符合非抗震设计的要求，其中，梁纵向钢筋在柱内的锚固长度，HPB235 和 HPB300 级钢筋不宜小于纵向钢筋直径的 25 倍，HRB335 级钢筋不宜小于纵向钢筋直径的30倍;混凝土强度等级为C13时,锚固长度应相应增加纵向钢筋直径的5倍。

2 7度时,框架的中柱和边柱纵向钢筋的总配筋率不应少于0.5%,角柱不应少于0.7%;8度时,框架的中柱和边柱纵向钢筋的总配筋率不应少于0.6%,角柱不应小于0.8%。

3 梁两端在梁高各1倍范围内的箍筋间距不应大于200 mm。

4 在柱的上、下端,柱净高各1/6的范围内,箍筋间距不应大于200 mm;8度时,箍筋间距不应大于150 mm,且箍筋直径不应小于8 mm。

5 净高与截面高度之比不大于4的柱,包括因嵌砌黏土砖填充墙形成的短柱,沿柱全高范围内箍筋间距不应大于150 mm,箍筋直径不应小于8 mm。

6 框架柱截面宽度不宜小于300 mm,8度时不宜小于400 mm。

6.2.4 框架-抗震墙的墙板配筋与构造应按下列要求检查:

1 抗震墙的周边宜与框架梁柱形成整体或有加强的边框。

2 墙板的厚度不宜小于140 mm,且不宜小于墙板净高的1/30,墙板中竖向及横向钢筋的配筋率均不应小于0.15%。

3 墙板与楼板的连接,应能可靠地传递地震作用。

6.2.5 框架结构利用山墙承重时,山墙应有钢筋混凝土壁柱与框架梁可靠连接;不符合时,应要求加固处理。

6.2.6 砖砌体填充墙、隔墙与主体结构的连接应按下列要求检查:

1 考虑填充墙抗侧力作用时,填充墙的厚度不应小于180 mm,砂浆强度等级不应低于M2.5,且填充墙应嵌砌于框架平面内。

2 填充墙沿柱高每隔600 mm左右应有2ϕ6拉筋伸入墙内,8度时伸入墙内的长度不宜小于墙长的1/5且不小于700 mm;当墙高大于5 m时,墙内宜有连系梁与柱连接;对于长度大于6 m的黏土砖墙或长度大于 5 m 的空心砖墙，8 度时墙顶与梁应有连接。

3 房屋的内隔墙应与两端的墙或柱有可靠连接；当隔墙长度大于 6 m，8 度时墙顶尚应与梁板连接。

（Ⅱ）抗震承载力验算

6.2.7 A 类现有钢筋混凝土房屋，可按现行上海市工程建设规范《建筑抗震设计标准》DGJ 08—9 的方法进行抗震计算分析，按本标准第 3.1.6 条的规定进行构件抗震承载力验算，并进行整体结构变形验算。计算时，构件组合内力设计值不作调整，其承载力尚应按以下方法综合考虑体系影响系数和局部影响系数：

1 体系影响系数可根据结构体系、梁柱箍筋、轴压比等符合综合抗震能力鉴定要求的程度和部位，按下列情况确定：

1）当上述各项构造均符合现行上海市工程建设规范《建筑抗震设计标准》DGJ 08—9 的规定时，可取 1.4。

2）当各项构造均符合本标准第 6.3 节 B 类建筑的规定时，可取 1.25。

3）当各项构造均符合本节第 6.2.1～第 6.2.6 条的规定时，可取 1.0。

4）当各项构造均符合非抗震设计规定时，可取 0.8。

5）当结构受损伤或发生倾斜但已修复纠正时，上述数值尚宜乘以 0.8～1.0。

2 局部影响系数可根据局部构造不符合本节抗震措施要求的程度，采用下列三项系数选定后的最小值。

1）与承重砌体结构相连的框架，取 0.80～0.95。

2）填充墙等与框架的连接不符合本节抗震措施要求，取 0.70～0.95。

3）抗震墙之间楼盖、屋盖长宽比超过本标准第 6.2.1 条第 4 款的规定时，可根据超过的程度，取 0.6～0.9。

6.2.8 按本标准第 3.1.6 条规定进行抗震承载力验算并计入体系影响系数和局部影响系数满足要求的结构,可评定为满足抗震鉴定要求;当不符合时,应要求采取加固或其他相应措施。

6.3 B 类钢筋混凝土房屋抗震鉴定

(Ⅰ)抗震措施鉴定

6.3.1 现有 B 类钢筋混凝土房屋的抗震鉴定,应按表 6.3.1 确定鉴定时所采用的抗震等级,并按其所属抗震等级的要求核查抗震构造措施。

表 6.3.1 钢筋混凝土结构的抗震等级

<table>
<tr><th colspan="2" rowspan="2">结构类型</th><th colspan="7">烈 度</th></tr>
<tr><th colspan="2">6</th><th colspan="2">7</th><th colspan="3">8</th></tr>
<tr><td rowspan="2">框架结构</td><td>房屋高度(m)</td><td>≤25</td><td>>25</td><td>≤35</td><td>>35</td><td>≤35</td><td colspan="2">>35</td></tr>
<tr><td>框架</td><td>四</td><td>三</td><td>三</td><td>二</td><td>二</td><td colspan="2">一</td></tr>
<tr><td rowspan="3">框架-抗震墙结构</td><td>房屋高度(m)</td><td>≤50</td><td>>50</td><td>≤60</td><td>>60</td><td><50</td><td>50~80</td><td>>80</td></tr>
<tr><td>框架</td><td>四</td><td>三</td><td>三</td><td>二</td><td>三</td><td>二</td><td>一</td></tr>
<tr><td>抗震墙</td><td colspan="2">三</td><td colspan="2">二</td><td>二</td><td colspan="2">一</td></tr>
<tr><td rowspan="4">抗震墙结构</td><td>房屋高度(m)</td><td>≤60</td><td>>60</td><td>≤80</td><td>>80</td><td><35</td><td>35~80</td><td>>80</td></tr>
<tr><td>一般抗震墙</td><td>四</td><td>三</td><td>三</td><td>二</td><td>三</td><td>二</td><td>一</td></tr>
<tr><td>有框支层的落地抗震墙底部加强部位</td><td>三</td><td>二</td><td colspan="2">二</td><td>二</td><td>一</td><td rowspan="2">不宜采用</td></tr>
<tr><td>框支层框架</td><td>三</td><td>二</td><td>二</td><td>一</td><td>二</td><td>一</td></tr>
</table>

注:乙类设防时,抗震等级应提高一度查表。

6.3.2 现有房屋的结构体系应按下列规定检查:

1 框架结构不宜为单跨框架;乙类设防时,不应为单跨框架结构。

2　结构布置宜按本标准第 6.2.1 条的要求检查其规则性，不规则房屋设有防震缝时，其最小宽度应符合现行上海市工程建设规范《建筑抗震设计标准》DGJ 08—9 的要求，并应提高相关部位的鉴定要求。

3　钢筋混凝土框架房屋的结构布置尚应按下列规定检查：

1）框架应双向布置，框架梁与柱的中线宜重合。

2）梁的截面宽度不宜小于 200 mm，梁截面的高宽比不宜大于 4，梁净跨与截面高度之比不宜小于 4。

3）柱的截面宽度不宜小于 300 mm，柱净高与截面高度（圆柱直径）之比不宜小于 4。

4）柱轴压比不宜超过表 6.3.2-1 的规定，超过时，宜采取措施；柱净高与截面高度（圆柱直径）之比小于 4 的柱轴压比限值应适当减少。

表 6.3.2-1　轴压比限值

类别	抗震等级			
	一	二	三	四
框架柱	0.7	0.8	0.9	0.95
框架-抗震墙的柱	0.8	0.9	0.95	0.95
框支柱	0.6	0.7	0.8	0.85

4　钢筋混凝土框架-抗震墙房屋的结构布置尚应按下列规定检查：

1）抗震墙宜双向设置，框架梁与抗震墙的中线宜重合。

2）抗震墙宜贯通房屋全高，且横向与纵向宜相连。

3）房屋较长时，纵向抗震墙不宜设置在端开间。

4）抗震墙之间无大洞口的楼盖、屋盖的长宽比不宜超过表 6.3.2-2 的规定，超过时，应计入楼盖平面内变形的影响。

表 6.3.2-2　B 类钢筋混凝土房屋抗震墙无大洞的楼盖、屋盖长宽比

楼盖、屋盖类别	烈　度		
	6	7	8
现浇、叠合梁板	4.0	4.0	3.0
装配式楼盖	3.0	3.0	2.5
框支层现浇梁板	2.5	2.5	2.0

5）抗震墙墙板厚度不应小于 160 mm 且不应小于层高的 1/20，在墙板周边应有梁(或暗梁)和端柱组成的边框。

5　钢筋混凝土抗震墙房屋的结构布置尚应按下列规定检查：

1）较长的抗震墙宜分成较均匀的若干墙段，各墙段(包括小开洞墙及联肢墙)的高宽比不宜小于 2。

2）抗震墙有较大洞口时，洞口位置宜上下对齐。

3）一、二级抗震墙和三级抗震墙加强部位的各墙肢应有翼墙、端柱或暗柱等边缘构件，暗柱或翼墙的截面范围按现行上海市工程建设规范《建筑抗震设计标准》DGJ 08—9的规定检查。

4）两端有翼墙或端柱的抗震墙墙板厚度，一级不应小于 160 mm 且不宜小于层高的 1/20，二、三级不应小于 140 mm 且不宜小于层高的 1/25。

注：加强部位取墙肢总高度的 1/8 和墙肢宽度的较大值，有框支层时，尚应不小于到框支层上一层的高度。

6　房屋底部有框支层时，框支层的刚度不应小于相邻上层刚度的 50%；落地抗震墙间距不宜大于四开间和 24 m 的较小值，且落地抗震墙之间的楼盖长宽比不应超过表 6.3.2-2 中规定的数值。

7　抗侧力黏土砖填充墙应符合下列要求：

1）二级且层数不超过五层、三级且层数不超过八层和四级的框架结构，可计入黏土砖填充墙的抗侧力作用。

2）填充墙的布置应符合框架-抗震墙结构中对抗震墙的设置要求。

3）填充墙应嵌砌在框架平面内并与梁柱紧密结合，墙厚不应小于 240 mm，砂浆强度等级不应低于 M5，宜先砌墙后浇框架。

6.3.3 梁、柱、墙实际达到的混凝土强度等级不应低于 C20。抗震等级为一级的框架梁、柱和节点不应低于 C30。

6.3.4 现有框架梁的配筋与构造应按下列要求检查：

1 梁端纵向受拉钢筋的配筋率不宜大于 2.5%，且混凝土受压区高度和有效高度之比，一级框架不应大于 0.25，二、三级框架不应大于 0.35。

2 梁端截面的底面和顶面实际配筋量的比值，除按计算确定外，一级框架不应小于 0.5，二、三级框架不应小于 0.3。

3 梁端箍筋实际加密区的长度、箍筋最大间距和最小直径应按表 6.3.4 的要求检查。当梁端纵向受拉钢筋配筋率大于 2% 时，表中箍筋最小直径数值应增大 2 mm。

4 梁顶面和底面的通长钢筋，一、二级框架不应少于 2Φ14，且不应少于梁端顶面和底面纵向钢筋中较大截面面积的 1/4，三、四级框架不应少于 2Φ12。

5 加密区箍筋肢距，一、二级框架不宜大于 200 mm，三、四级框架不宜大于 250 mm。

表 6.3.4 梁加密区的长度、箍筋最大间距和最小直径

抗震等级	加密区长度（采用最大值）(mm)	箍筋最大间距（采用最小值）(mm)	箍筋最小直径(mm)
一	$2h_b$，500	$h_b/4$，$6d$，100	10
二	$1.5h_b$，500	$h_b/4$，$8d$，100	8
三	$1.5h_b$，500	$h_b/4$，$8d$，150	8
四	$1.5h_b$，500	$h_b/4$，$8d$，150	6

注：d 为纵向钢筋直径；h_b 为梁高。

6.3.5 现有框架柱的配筋与构造应按下列要求检查：

1 柱实际纵向钢筋的总配筋率不应小于表 6.3.5-1 的规定。

表 6.3.5-1 柱纵向钢筋的最小总配筋率(%)

类别	抗震等级			
	一	二	三	四
框架中柱和边柱	0.8	0.7	0.6	0.5
框架角柱、框支柱	1.0	0.9	0.8	0.7

2 柱箍筋在规定的范围内应加密，加密区的箍筋最大间距和最小直径不宜低于表 6.3.5-2 的要求。

表 6.3.5-2 柱加密区的箍筋最大间距和最小直径

抗震等级	箍筋最大间距(采用较小值)(mm)	箍筋最小直径(mm)
一	$6d$，100	10
二	$8d$，100	8
三	$8d$，150	8
四	$8d$，150	8

注：1. d 为柱纵筋最小直径。
2. 二级框架柱的箍筋直径不小于 10 mm 时，最大间距应允许为 150 mm。
3. 三级框架柱的截面尺寸不大于 400 mm 时，箍筋最小直径应允许为 6 mm。
4. 框支柱和剪跨比不大于 2 的柱，箍筋间距不应大于 100 mm。

3 柱箍筋的加密区范围应按下列规定检查：

1) 柱端，为截面高度(圆柱直径)、柱净高的 1/6 和 500 mm 三者的最大值。

2) 底层柱为刚性地面上、下各 500 mm。

3) 柱净高与柱截面高度之比小于 4 的柱(包括因嵌砌填充墙等形成的短柱)、框支柱、一级框架的角柱，为全高。

4 柱加密区的箍筋最小体积配箍率不宜小于表 6.3.5-3 的规定。一、二级时，净高与柱截面高度(圆柱直径)之比小于 4 的柱的体积配箍率，不宜小于 1.0%。

5 柱加密区箍筋肢距，一级不宜大于 200 mm，二级不宜大于 250 mm，三、四级不宜大于 300 mm，且每隔一根纵向钢筋宜在两个方向有箍筋约束。

6 柱非加密区的实际箍筋量不宜小于加密区的 50%，且箍筋间距，一、二级不应大于 10 倍纵向钢筋直径，三级不应大于 15 倍纵向钢筋直径。

表 6.3.5-3 柱加密区的箍筋最小体积配箍率(%)

抗震等级	箍筋形式	柱轴压比		
		<0.4	0.4～0.6	>0.6
一	普通箍、复合箍	0.8	1.2	1.6
	螺旋箍	0.8	1.0	1.2
二	普通箍、复合箍	0.6～0.8	0.8～1.2	1.2～1.6
	螺旋箍	0.6	0.8～1.0	1.0～1.2
三	普通箍、复合箍	0.4～0.6	0.6～0.8	0.8～1.2
	螺旋箍	0.4	0.6	0.8

注：1. 表中的数值适用于 HPB235 和 HPB300 级钢筋、混凝土强度等级不高于 C35 的情况，对 HRB335 级钢筋和混凝土强度等级高于 C35 的情况可按强度相应换算，但不应小于 0.4。

2. 井字复合箍的肢距不大于 200 mm 且直径不小于 10 mm 时，可采用表中螺旋箍对应数。

6.3.6 框架节点核心区内箍筋的最大间距和最小直径宜按本标准表 6.3.5-2 检查，一、二、三级的体积配箍率分别不宜小于 1.0%、0.8%、0.6%，但轴压比小于 0.4 时仍按本标准表 6.3.5-3 检查。

6.3.7 抗震墙墙板的配筋与构造应按下列要求检查：

1 抗震墙墙板横向、竖向分布钢筋的配筋，均应符合表 6.3.7-1的要求；框架-抗震墙结构中的抗震墙板，其横向和竖向分布筋均不应小于 0.25%。

表 6.3.7-1 抗震墙墙板横向、竖向分布钢筋的配筋要求

抗震等级	最小配筋率(%)		最大间距(mm)	最小直径(mm)
	一般部位	加强部位		
一	0.25	0.25	300	8
二	0.20	0.25		
三、四	0.15	0.20		

2 抗震墙边缘构件的配筋，应符合表 6.3.7-2 的要求；框架-抗震墙端柱在全高范围内箍筋，均应符合表 6.3.7-2 中底部加强部位的要求。

3 抗震墙的竖向和横向分布钢筋，抗震等级为一级的所有部位和抗震等级为二级的加强部位，应为双排布置；抗震等级为二级的一般部位和抗震等级为三、四级的加强部位宜为双排布置。双排分布钢筋间拉筋的间距不应大于 600 mm，且直径不应小于 6 mm，对底部加强部位，拉筋间距尚应适当加密。

表 6.3.7-2 抗震墙边缘构件的配筋要求

抗震等级	底部加强部位			其他部位		
	纵向钢筋最小量(取较大值)	箍筋或拉筋		纵向钢筋最小量(取较大值)	箍筋或拉筋	
		最小直径(mm)	最大间距(mm)		最小直径(mm)	最大间距(mm)
一	$0.010A_c$ 4Φ16	8	100	$0.008A_c$ 4Φ14	8	150
二	$0.008A_c$ 4Φ14	8	150	$0.006A_c$ 4Φ12	8	200
三	$0.005A_c$ 2Φ14	6	150	$0.004A_c$ 2Φ12	6	200
四	2Φ12	6	200	2Φ12	6	250

注：A_c 为边缘构件的截面面积。

6.3.8 钢筋的接头和锚固应符合现行国家标准《混凝土结构设计

规范》GB 50010 的要求。

6.3.9 填充墙应按下列要求检查：

1 砌体填充墙在平面和竖向的布置，宜均匀对称。

2 砌体填充墙，宜与框架柱柔性连接，但墙顶应与框架紧密结合。

3 砌体填充墙与框架为刚性连接时，应符合下列要求：

1）沿框架柱高每隔 500 mm 有 2ϕ6 拉筋，拉筋伸入填充墙内长度，一、二级框架宜沿墙全长拉通；三、四级框架不应小于墙长的 1/5 且不小于 700 mm。

2）墙长度大于 5 m 时，墙顶部与梁宜有拉结措施，墙高度超过 4 m 时，宜在墙高中部有与柱连接的通长钢筋混凝土水平系梁。

（Ⅱ）抗震承载力验算

6.3.10 B 类现有钢筋混凝土房屋应根据现行上海市工程建设规范《建筑抗震设计标准》DGJ 08—9 的方法进行抗震分析，按本标准第 3.1.6 条的规定进行构件承载力验算，并进行整体结构变形验算。构件承载力验算时，尚应按本标准第 6.2.7 条第 2 款的方法计入局部影响系数，以及按本标准第 6.3.11 条的方法计入体系影响系数进行综合评价。综合评价满足要求的结构可评定为满足抗震鉴定要求；当不符合时，应要求采取加固或其他相应措施。

6.3.11 B 类钢筋混凝土房屋的体系影响系数，可根据结构体系、梁柱箍筋、轴压比、墙体边缘构件等符合鉴定要求的程度和部位，按下列情况确定：

1 当上述各项构造均符合现行上海市工程建设规范《建筑抗震设计标准》DGJ 08—9 的规定时，可取 1.1。

2 当各项构造均符合本节第 6.3.1～第 6.3.9 条的规定时，可取 1.0。

3 当各项构造均符合本标准第 6.2 节 A 类房屋鉴定的规定时，可取 0.8。

4 当结构受损伤或发生倾斜但已修复纠正，上述数值尚宜乘以 0.8～1.0。

6.3.12 对于框架结构，当楼梯间与主体整浇时，应计入楼梯构件对地震作用及其效应的影响，并进行楼梯构件的抗震承载力验算。

7 内框架和底层框架砖房鉴定

7.1 一般规定

7.1.1 本章适用于黏土砖墙与钢筋混凝土柱混合承重的内框架、底层框架砖房、底层框架-抗震墙砖房。

7.1.2 现有内框架和底层框架砖房抗震鉴定时，对房屋的高度和层数、横墙的厚度和间距、墙体的砂浆强度等级和砌筑质量应重点检查，并应根据结构类型和设防烈度重点检查以下薄弱部位：

1 底层框架和底层内框架砖房的底层楼盖类型及底层与第二层的侧移刚度比、结构平面质量和刚度分布及墙体(包括填充墙)等抗侧力构件布置的均匀对称性。

2 多层内框架砖房的屋盖类型和纵向窗间墙宽度。

3 框架的配筋和圈梁及其他连接构造。

7.1.3 房屋的外观和内在质量应符合下列要求：

1 砖墙体应符合本标准第5.1.3条的有关规定。

2 混凝土构件应符合本标准第6.1.3条的有关规定。

7.1.4 现有内框架和底层框架砖房的抗震鉴定，应按房屋高度和层数、混合承重结构的合理性、墙体材料的实际强度、结构构件之间整体性连接构造的可靠性、局部易损易倒塌部位构件自身及其与主体结构连接构造的可靠性以及墙体与框架抗震承载力的综合分析，对整幢房屋的抗震能力进行鉴定。

当房屋层数超过规定或底部框架砖房的上、下刚度比不符合规定时，应评为不满足抗震鉴定要求；当仅有出入口和人流通道处的女儿墙等不符合规定时，应评为局部不满足抗震鉴定要求。

7.1.5 内框架和底层框架砖房的砌体部分和框架部分，除符合本章规定外，尚应分别符合本标准第5章、第6章的有关规定。

7.2 A类内框架和底层框架砖房抗震鉴定

（Ⅰ）抗震措施鉴定

7.2.1 现有A类内框架和底层框架砖房实际的最大高度和层数宜符合表7.2.1规定的限值；当超过规定的限值时，应提高对综合抗震能力的要求或改变结构体系等减灾措施。

表7.2.1 A类内框架和底层框架砖房最大高度(m)和层数限值

房屋类型	墙体厚度(mm)	6度		7度		8度	
		高度	层数	高度	层数	高度	层数
底层框架砖房	≥220	19	六	19	六	16	五
	190	13	四	13	四	10	三
底层内框架砖房	≥220	13	四	13	三	10	三
	190	7	二	7	二	7	二
多排柱内框架砖房	≥220	18	五	17	五	15	四
单排柱内框架砖房	≥220	16	四	15	四	12	三

注：类似的砌块房屋可按照本章规定的原则进行鉴定，但高度相应降低3 m，层数相应减少一层。

7.2.2 现有房屋的结构体系应按下列规定检查：

1 A类内框架和底层框架砖房抗震横墙的最大间距应符合表7.2.2的规定；超过时，应要求采取相应措施。

表7.2.2 A类内框架和底层框架砖房抗震横墙的最大间距(m)

房屋类型	6度	7度	8度
底层框架砖房的底层	25	21	18
底层内框架砖房的底层	18	18	15
多排柱内框架砖房	30	30	30
单排柱内框架砖房	18	18	15

2 底层框架、底层内框架砖房的底层和第二层应符合下列要求：

1）在纵横两个方向均应有砖或钢筋混凝土抗震墙，每个方向第二层与底层侧向刚度的比值，7度时不应大于3.0，8度时不应大于2.0，且不应小于1.0；当底层的墙体在平面布置不对称时，应考虑扭转的不利影响。

2）底层框架不应为单跨；框架柱截面最小尺寸不宜小于400 mm，在重力荷载下的轴压比，7、8度时分别不宜大于0.9和0.8。

3）第二层的墙体宜与底层的框架梁对齐，其实测的砂浆强度等级应高于第三层。

3 多层内框架砖房应符合下列要求：

1）房屋宜为矩形平面，立面宜规则，平面内应布置横墙，楼梯间的横墙宜贯通房屋全宽。

2）纵向窗间墙应采用带壁柱墙，其纵向宽度，7、8度时分别不宜小于0.8 m、1.0 m和1.2 m。

7.2.3 底层框架、底层内框架砖房和多层内框架砖房的砖抗震墙，厚度不应小于220 mm，砖实际达到的强度等级不应低于MU7.5；砌筑砂浆实际达到的强度等级，7度时不应低于M2.5，8度时不应低于M5；框架梁、柱实际达到的强度等级不应低于C20。

7.2.4 现有房屋的整体性连接构造应符合下列规定：

1 底层框架和底层内框架砖房的底层，8度时应为现浇或装配整体式混凝土楼盖；7度时可为装配式楼盖，但应有圈梁。

2 多层内框架砖房的圈梁，应符合本标准第5.2.4条第3款的规定。采用装配式钢筋混凝土楼盖、屋盖时，尚应复核下列规定：

1）顶层应有圈梁。

2）7度不超过三层时，隔层应有圈梁。

3）7度超过三层和8度时，各层均应有圈梁。

3 内框架砖房大梁在外墙上的支承长度不应小于 240 mm，且应与混凝土垫块或圈梁相连。

4 多层内框架砖房在外墙四角和楼梯间、电梯间四角及大房间内外墙交接处，当房屋层数超过三层时，应有构造柱或沿墙高每 10 皮砖应有 2ϕ6 拉结钢筋。

7.2.5 房屋中易引起局部倒塌的构件、部件及其连接的构造，可按本标准第 5.2 节的有关规定鉴定；底层框架、底层内框架砖房的上部各层的抗震措施鉴定，应符合本标准第 5.2 节的有关要求；框架梁、柱的抗震措施的鉴定，应符合本标准第 6.2 节的有关要求。

（Ⅱ）抗震承载力验算

7.2.6 A 类内框架和底层框架砖房的抗震措施符合本节上述各项规定时，其抗震承载力可按本标准第 7.2.7 条的方法采用抗震横墙间距和房屋宽度的限值进行简化验算。当抗震措施不满足本标准第 7.2.1～第 7.2.5 条要求时，应按本标准第 7.2.8 条和第 7.2.9条的方法考虑构造的体系影响和局部影响进行抗震分析，综合评定多层砌体房屋的抗震性能。对不能满足抗震鉴定要求的房屋，应要求对其采取加固或其他相应措施。

7.2.7 A 类内框架和底层框架砖房的抗震承载力，当采用抗震横墙间距和房屋宽度的限值进行简化验算时，应满足下列要求：

1 底层框架、底层内框架砖房的上部各层，抗震横墙间距和房屋宽度的限值应按本标准第 5.2.10 条的有关规定采用。

2 底层框架砖房的底层，横墙厚度为 370 mm 时的抗震横墙间距和纵墙厚度为 240 mm 时的房屋宽度限值，宜按表 7.2.7 采用，其他厚度的墙体，表 7.2.7 中的数值可按墙厚的比例相应换算。

3 底层内框架砖房的底层，抗震横墙间距和房屋宽度的限值，可按底层框架砖房的 0.85 倍采用。

4 多排柱到顶的内框架砖房的抗震横墙间距和房屋宽度限值，顶层可按本标准第 5.2.10 条规定限值的 0.9 倍采用，底层可分别按本标准第 5.2.10 条规定限值的 1.4 倍和 1.15 倍采用;其他各层限值的调整可用内插法确定。

5 单排柱到顶砖房的抗震横墙间距和房屋宽度限值,可按多排柱到顶砖房相应限值的 0.85 倍采用。

表 7.2.7 底层框架砖房抗震承载力简化验算的底层抗震横墙间距和房屋宽度限值(m)

楼层总数	7 度				8 度			
	砂浆强度等级							
	M2.5		M5		M5		M10	
	L	*B*	*L*	*B*	*L*	*B*	*L*	*B*
二	19	14	21	15	17	13	18	15
三	15	11	19	14	13	10	16	12
四	12	9	16	12	11	8	13	10
五	11	8	14	10	—	—	12	9
六	—	—	12	9	—	—	—	—

注:*L* 指 370 mm 厚横墙的间距限值,*B* 指 240 mm 厚纵墙的房屋宽度限值。

7.2.8 A 类底层框架砖房和多层内框架砖房的抗震计算,可采用底部剪力法,按现行上海市工程建设规范《建筑抗震设计标准》DGJ 08—9 的规定调整地震作用效应,并按本标准第 3.1.6 条规定进行截面抗震验算,按本标准第 6.2 节的方法计入构造的影响进行综合评价。

7.2.9 多层内框架砖房各柱的地震剪力,可按本标准式(7.3.6)确定;外墙砖柱的抗震验算,应符合本标准第 7.3.7 条的要求;钢筋混凝土结构抗震等级划分,参考本标准第 7.3.8 条的规定。

7.3 B 类内框架和底层框架砖房抗震鉴定

(Ⅰ)抗震措施鉴定

7.3.1 房屋实际的最大高度和层数不宜超过表 7.3.1 规定的限

值;当超过最大限值时,应提高对综合抗震能力的要求或提出采取改变结构体系等减灾措施。

表 7.3.1　B 类内框架和底层框架砖房最大高度(m)和层数限值

房屋类型	6、7 度		8 度	
	高度	层数	高度	层数
底层框架砖房	19	六	16	五
多排柱内框架砖房	16	五	14	四
单排柱内框架砖房	14	四	11	三

7.3.2　现有房屋的结构体系应符合下列规定:

1　抗震横墙的最大间距应符合表 7.3.2 的要求。

表 7.3.2　B 类内框架和底层框架砖房抗震墙的最大间距(m)

房屋类型		6 度	7 度	8 度
底层框架砖房	上部各层	同表 5.3.3-1 砖房部分		
	底层	25	21	18
多排柱内框架砖房		30	30	30
单排柱内框架砖房		同表 5.3.3-1 砖房部分		

2　底层框架砖房的底层和第二层应符合下列要求:

1) 在纵、横两个方向均应有一定数量的抗震墙,每个方向第二层与底层侧向刚度的比值,7 度时不应大于 3.0,8 度时不应大于 2.0,且不应小于 1.0;抗震墙宜为钢筋混凝土墙或嵌砌于框架间的砌体墙;当底层的墙体在平面布置不对称时,应计入扭转的不利影响。

2) 底层框架不应为单跨;框架柱截面尺寸不宜小于 400 mm,其轴压比,7、8 度时分别不宜大于 0.9 和 0.8。

3) 第二层的墙体宜与底层的框架梁对齐,在底层框架柱对应部位应有构造柱,其实测砂浆强度等级应高于第三层。

3　多层内框架砖房应符合下列要求:

1）房屋宜为矩形平面，立面应规则，平面内应布置横墙，楼梯间的横墙宜贯通房屋全宽。

2）纵向窗间墙宜采用配筋组合砖砌体，房屋层数不低于三层时可采用带壁柱墙，其纵向宽度不宜小于 1.5 m。

7.3.3 底层框架和多层内框架砖房的砖抗震墙，厚度不应小于 220 mm，砖实际达到的强度等级不应低于 MU7.5；砌筑砂浆实际达到的强度等级，7 度时不应低于 M2.5，8 度时不应低于 M5；框架梁、柱实际达到的强度等级不应低于 C20。

7.3.4 房屋的整体性连接构造应符合下列规定：

1 底层框架砖房的上部，应根据房屋的高度和层数按多层砖房的要求检查钢筋混凝土构造柱的设置。多层内框架砖房的下列部位应有钢筋混凝土构造柱：

1）外墙四角和楼梯间、电梯间四角；

2）房屋层数不低于三层时，抗震墙两端以及内框架梁在外墙的支承处(无组合柱时)。

2 底层框架砖房的底层楼盖和多层内框架砖房的屋盖，应有现浇或装配整体式钢筋混凝土板，采用装配式钢筋混凝土楼盖、屋盖的楼层，均应有现浇钢筋混凝土圈梁。

3 内框架砖房大梁在外墙上的支承长度不应小于 300 mm，且应与混凝土圈梁相连。

4 构造柱截面不宜小于 240 mm×240 mm，纵向钢筋不宜少于 4Φ14，箍筋间距不宜大于 200 mm。

（Ⅱ）抗震承载力验算

7.3.5 B 类底层框架砖房和多层内框架砖房的抗震计算，可采用底部剪力法，应按现行上海市工程建设规范《建筑抗震设计标准》DGJ 08—9 的规定调整地震作用效应，并按本标准第 3.1.6 条规定进行截面抗震验算。当抗震措施不满足本标准第 7.3.1～第 7.3.4条要求时，应按本标准第 6.2 节的方法计入构造的影响进行综合评价。其中，当构造柱的设置不满足相关规定时，体系影响系数尚应根据不满足程度乘以 0.80～0.95 的系数。

7.3.6 多层内框架砖房各柱的地震剪力可按下式确定：

$$V_c = \frac{\varphi_c}{n_b n_s}(\zeta_1 + \zeta_2 \lambda)V \quad (7.3.6)$$

式中：V_c——各柱的地震剪力设计值；

V——楼层地震剪力设计值；

φ_c——柱类型系数，钢筋混凝土内柱可采用 0.012，外墙组合砖柱可采用 0.0075，无筋砖柱(墙)可采用 0.005；

n_b——抗震横墙间的开间数；

n_s——内框架的跨数；

λ——抗震横墙间距与房屋总宽度的比值，当小于 0.75 时，采用 0.75；

ζ_1，ζ_2——分别为计算系数，可按表 7.3.6 采用。

表 7.3.6 计算系数

房屋总层数	2	3	4	5
ζ_1	2.0	3.0	5.0	7.5
ζ_2	7.5	7.0	6.5	6.0

7.3.7 外墙砖柱的抗震验算应符合下列要求：

1 无筋砖柱地震组合轴向力设计值的偏心距不宜超过 0.9 倍截面形心到轴向力所在截面边缘的距离。

2 组合砖柱的配筋应按计算确定。

7.3.8 钢筋混凝土结构抗震等级的划分，底层框架砖房的框架和内框架均可按表 6.3.1 中的框架结构采用，抗震墙可按三级采用。

8　单层钢筋混凝土柱厂房鉴定

8.1　一般规定

8.1.1　本章适用于装配式单层钢筋混凝土柱厂房和混合排架厂房。

8.1.2　抗震鉴定时，下列关键薄弱环节应重点检查：

1　7 度时，应检查钢筋混凝土天窗架的形式和整体性，排架柱的选型，屋盖中支承长度较小构件连接的可靠性，并注意出入口等处的高大山墙山尖部分的拉结及女儿墙、高低跨封墙等构件的拉结。

2　8 度时，除按上述要求检查外，尚应检查各支撑系统的完整性、大型屋面板连接的可靠性、高低跨牛腿（柱肩）和各种柱变形受约束部位的构造，并注意圈梁、抗风柱的拉结构造及平面不规则、墙体布置不匀称等和相连建筑物、构筑物导致质量不均匀、刚度不协调的影响。

8.1.3　厂房的外观和内在质量宜符合下列要求：

1　混凝土承重构件仅有少量微小裂缝或局部剥落，钢筋无外露和锈蚀。

2　屋盖构件无严重变形或歪斜。

3　构件连接处无明显裂缝或松动。

4　无不均匀沉降。

5　无砖墙、钢结构构件的其他损伤。

8.1.4　A 类厂房，应按本标准第 8.2 节的规定检查结构布置、构件构造、支撑、结构构件连接和墙体连接构造等，并按本标准第 8.2.9条进行抗震承载力验算,然后评定其抗震能力。

B 类厂房,应按本标准第 8.3 节检查结构布置、构件构造、支撑、结构构件连接和墙体连接构造等,并按本标准第 8.3.9 条进行抗震承载力验算,然后评定其抗震能力。

当关键薄弱环节不符合本章规定时,应要求加固处理;一般部位不符合规定时,可根据不符合的程度和影响的范围,提出相应对策。

8.1.5 混合排架厂房的砖柱,应符合本标准第 9 章的有关规定。

8.2 A 类单层钢筋混凝土柱厂房抗震鉴定

(Ⅰ)抗震措施鉴定

8.2.1 厂房现有的结构布置应符合下列规定:

1 8 度时,厂房侧边贴建的生活间、变电所、炉子间和运输走廊等附属建筑物、构筑物,宜有防震缝与厂房分开;当纵横跨不设缝时,应提高鉴定要求。防震缝宽度,一般情况宜为 50 mm~90 mm,纵、横跨交接处宜为 100 mm~150 mm。

2 突出屋面天窗的端部不应为砖墙承重;8 度时,厂房两端和中部不应为无屋架的砖墙承重,锯齿形厂房的四周不应为砖墙承重。

3 8 度时,工作平台宜与排架柱脱开或柔性连接。

4 8 度时,砖围护墙宜为外贴式,不宜为一侧有墙另一侧敞开或一侧外贴而另一侧嵌砌等,但单跨厂房可两侧均为嵌砌式。

5 8 度时,当仅一端有山墙厂房的敞开端和不等高厂房高跨的边柱列等存在扭转效应时,其内力增大部位的构造鉴定要求应适当提高。

8.2.2 厂房构件的形式应符合下列规定:

1 现有的钢筋混凝土 Π 形天窗架,8 度时,全部立柱不应为 T 形截面;当不符合时,应采取加固或增设支撑等措施。

2　现有的屋架上弦端部支承屋面板的小立柱，截面两个方向的尺寸均不宜小于 200 mm，高度不宜大于 500 mm；小立柱的主筋，7 度时有屋架上弦横向支撑和上柱柱间支撑的开间处不宜小于 4Φ12，8 度时不宜小于 4Φ14；小立柱的箍筋间距不宜大于 100 mm。

3　现有的组合屋架的下弦杆宜为型钢；8 度时，其上弦杆不宜为 T 形截面。

4　对薄壁工字形柱、腹板大开孔工字形柱、预制腹板的工字形柱和管柱等整体性差或抗剪能力差的排架柱(包括高大山墙的抗风柱)的构造鉴定要求应适当提高。

8 度时，排架柱柱底至室内地坪以上 500 mm 范围内和阶形柱上柱自牛腿面至吊车梁顶面以上 300 mm 范围内的截面宜为矩形。

5　8 度时，山墙现有的抗风砖柱应有竖向配筋。

8.2.3　屋盖现有的支撑布置和构造应符合下列规定：

1　屋盖的支撑布置应符合表 8.2.3-1～表 8.2.3-3 的规定；缺支撑时应增设。

表 8.2.3-1　A 类厂房无檩屋盖的支撑布置

<table>
<tr><td colspan="3" rowspan="2">支撑名称</td><td colspan="2">烈　度</td></tr>
<tr><td>6，7</td><td>8</td></tr>
<tr><td rowspan="5">屋架支撑</td><td colspan="2">上弦横向支撑</td><td>同非抗震设计</td><td>厂房单元端开间及柱间支撑开间各有一道；天窗跨度大于 6 m 时，天窗开洞范围的两端有局部的支撑一道</td></tr>
<tr><td colspan="2">下弦横向支撑</td><td colspan="2">同非抗震设计</td></tr>
<tr><td colspan="2">跨中竖向支撑</td><td colspan="2">同非抗震设计</td></tr>
<tr><td rowspan="2">两端竖向支撑</td><td>屋架端部高度≤900 mm</td><td colspan="2">同非抗震设计</td></tr>
<tr><td>屋架端部高度>900 mm</td><td>同非抗震设计</td><td>同上弦横向支撑</td></tr>
<tr><td colspan="3">天窗两侧竖向支撑</td><td>厂房单元天窗端开间及每隔 42 m 各有一道</td><td>厂房单元天窗端开间及每隔 30 m 各有一道</td></tr>
</table>

表 8.2.3-2　A 类厂房中间井式天窗无檩屋盖的支撑布置

<table>
<tr><td colspan="2" rowspan="2">支撑名称</td><td colspan="2">烈　度</td></tr>
<tr><td>6，7</td><td>8</td></tr>
<tr><td colspan="2">上、下弦横向支撑</td><td>厂房单元端开间各有一道</td><td>厂房单元端开间及柱间支撑开间各有一道</td></tr>
<tr><td colspan="2">上弦通长水平系杆</td><td colspan="2">在天窗范围内屋架跨中上弦节点处有</td></tr>
<tr><td colspan="2">下弦通长水平系杆</td><td colspan="2">在天窗两侧及天窗范围内屋架下弦节点处有</td></tr>
<tr><td colspan="2">跨中竖向支撑</td><td colspan="2">在上弦横向支撑开间处有，位置与下弦通长系杆相对应</td></tr>
<tr><td rowspan="2">两端竖向支撑</td><td>屋架端部高度≤900 mm</td><td colspan="2">同非抗震设计</td></tr>
<tr><td>屋架端部高度>900 mm</td><td>厂房单元端开间各有一道</td><td>同上弦横向支撑，且间距不大于 48 m</td></tr>
</table>

表 8.2.3-3　A 类厂房有檩屋盖的支撑布置

<table>
<tr><td colspan="2" rowspan="2">支撑名称</td><td colspan="2">烈　度</td></tr>
<tr><td>6，7</td><td>8</td></tr>
<tr><td rowspan="3">屋架支撑</td><td>上弦横向支撑</td><td colspan="2">厂房单元端开间各有一道</td></tr>
<tr><td>下弦横向支撑</td><td colspan="2" rowspan="2">同非抗震设计</td></tr>
<tr><td>竖向支撑</td></tr>
<tr><td rowspan="2">天窗架支撑</td><td>上弦横向支撑</td><td colspan="2">厂房单元的天窗端开间各有一道</td></tr>
<tr><td>两侧竖向支撑</td><td>厂房单元的天窗端开间及每隔 42 m 各有一道</td><td>厂房单元的天窗端开间及每隔 30 m 各有一道</td></tr>
</table>

2　屋架支撑布置尚应符合下列要求：

1）厂房单元端开间有天窗时，天窗开洞范围内相应部位的屋架支撑布置要求应适当提高。

2）8 度时，柱距不小于 12 m 的托架（梁）区段及相邻柱距段的一侧（不等高厂房为两侧）应有下弦纵向水平支撑。

3）拼接屋架（屋面梁）的支撑布置要求，应按本标准第 8.2.3 条第 1 款的规定适当提高。

4）锯齿形厂房的屋面板之间用混凝土连成整体时，可无上弦横向支撑。

5）跨度不大于 15 m 的无腹杆钢筋混凝土组合屋架，厂房单元两端应各有一道上弦横向支撑，8 度时每隔 36 m 尚应有一道；屋面板之间用混凝土连成整体时，可无上弦横向支撑。

3 锯齿形厂房三角形刚架立柱间的竖向支撑布置，应符合表 8.2.3-4 的规定。

表 8.2.3-4 A 类锯齿形厂房三角形刚架立柱间竖向支撑布置

窗框类型	烈度	
	6，7	8
钢筋混凝土	同非抗震设计	
钢、木	厂房单元端开间各有一道	厂房单元端开间及每隔 36 m 各有一道

4 屋盖支撑的构造尚应符合下列要求：

1）7、8 度时，上、下弦横向支撑和竖向支撑的杆件应为型钢。

2）8 度时，横向支撑的直杆应符合压杆要求，交叉杆在交叉处不宜中断，不符合时应加固。

3）8 度时，跨度大于 24 m，屋架上弦横向支撑宜有较强的杆件和较牢的端节点构造。

8.2.4 现有排架柱的构造应符合下列规定：

1 7、8 度时，有柱间支撑的排架柱，柱顶以下 500 mm 范围内和柱底至设计地坪以上 500 mm 范围内，以及柱变位受约束的部位上下各 300 mm 的范围内，箍筋直径不宜小于 $\phi 8$，间距不宜大于 100 mm，当不符合时应加固。

2 8 度时，阶形柱牛腿面至吊车梁顶面以上 300 mm 范围内，箍筋直径小于 $\phi 8$ 或间距大于 100 mm 时宜加固。

3 支承低跨屋架的中柱牛腿（柱肩）中，承受水平力的纵向钢筋应与预埋件焊牢。

8.2.5 现有的柱间支撑应为型钢，其布置应符合下列规定，当不符合时应增设支撑或采取其他相应措施：

1 7、8度时，厂房单元中部应有一道上、下柱柱间支撑，8度时单元两端宜各有一道上柱支撑；单跨厂房两侧均有与柱等高且与柱可靠拉结的嵌砌纵墙，当墙厚不小于240 mm、开洞所占水平截面不超过总截面面积的50%、砂浆强度等级不低于M2.5时，可无柱间支撑。

2 8度时，跨度不小于18 m的多跨厂房中柱，柱顶应有通长水平压杆，此压杆可与梯形屋架支座处通长水平系杆合并设置，钢筋混凝土系杆端头与屋架间的空隙应采用混凝土填实；锯齿形厂房牛腿柱柱顶在三角刚架的平面内，每隔24 m应有通长水平压杆。

3 7度时，下柱柱间支撑的下节点在地坪以上时应靠近地面处；8度时，下柱柱间支撑的下节点位置和构造应能将地震作用直接传给基础。

8.2.6 厂房结构构件现有的连接构造应符合下列规定，不符合时应采取相应的加强措施：

1 7、8度时，檩条在屋架（屋面梁）上的支承长度不宜小于50 mm，且与屋架（屋面梁）应焊牢，槽瓦等与檩条的连接件不应漏缺或锈蚀。

2 7、8度时，大型屋面板在天窗架、屋架（屋面梁）上的支承长度不宜小于50 mm，8度时尚应焊牢。无预埋件焊连条件的屋面板宜采用装配整体式接头，或将板四角切掉后与屋架（屋面梁）焊牢。

3 7、8度时，锯齿形厂房双梁在牛腿柱上的支承长度，梁端为直头时不应小于120 mm，梁端为斜头时不应小于150 mm。

4 天窗架与屋架，屋架、托架与柱子，屋盖支撑与屋架，柱间支撑与排架柱之间应有可靠连接；7度时Π形天窗架竖向支撑与

T形截面立柱连接节点的预埋件及8度时柱间支撑与柱连接节点的预埋件应有可靠锚固。

5 8度时，吊车走道板的支承长度不应小于50 mm。

6 山墙抗风柱与屋架（屋面梁）上弦应有可靠连接。当抗风柱与屋架下弦相连接时，连接点应设在下弦横向支撑节点处。

7 天窗端壁板、天窗侧板与大型屋面板之间的缝隙不应为砖块封堵。

8.2.7 黏土砖围护墙现有的连接构造应符合下列规定：

1 纵墙、山墙、高低跨封墙和纵横跨交接处的悬墙，沿柱高每隔10皮砖均应有2ϕ6钢筋与柱（包括抗风柱）、屋架（包括屋面梁）端部、屋面板和天沟板可靠拉结。高低跨厂房的高跨封墙不应直接砌在低跨屋面上。

2 砖围护墙的圈梁应符合下列要求：

1） 7、8度时，梯形屋架端部上弦和柱顶标高处应有现浇钢筋混凝土圈梁各一道，但屋架端部高度不大于900 mm时可合并设置。

2） 8度时，沿墙高每隔4～6 m宜有圈梁一道。沿山墙顶应有卧梁并宜与屋架端部上弦高度处的圈梁连接。

3） 圈梁与屋架或柱应有可靠连接；山墙卧梁与屋面板应有拉结；顶部圈梁与柱锚拉的钢筋不宜少于4Φ12，变形缝处圈梁和柱顶、屋架锚拉的钢筋均应有所加强。

3 预制墙梁与柱应有可靠连接，梁底与其下的墙顶宜有拉结。

4 女儿墙可按照本标准第5.2.8条的规定执行，位于出入口、高低跨交接处和披屋上部的女儿墙不符合要求时，应采取相应措施。

8.2.8 砌体内隔墙的构造应符合下列规定：

1 独立隔墙的砌筑砂浆，实际达到的强度等级不宜低于M2.5；墙厚度为240 mm时，其高度不宜超过3 m。

2 一般情况下，到顶的内隔墙与屋架（屋面梁）下弦之间不应有拉结，但墙体应有稳定措施；当到顶的内隔墙必须与屋架下弦相连时，此处应有屋架下弦水平支撑。

3 8 度时，排架平面内的隔墙和局部柱列间的隔墙应与柱柔性连接或脱开，并应有稳定措施。

（Ⅱ）抗震承载力验算

8.2.9 A 类单层钢筋混凝土柱厂房，可按现行上海市工程建设规范《建筑抗震设计标准》DGJ 08—9 的规定进行纵、横向的抗震计算，并可按本标准第 3.1.6 条的规定进行构件抗震承载力验算。

8.3 B 类单层钢筋混凝土柱厂房抗震鉴定

（Ⅰ）抗震措施鉴定

8.3.1 厂房的平面布置应符合下列规定：

1 厂房角部不宜有贴建房屋，厂房体型复杂或有贴建房屋时，宜有防震缝；防震缝宽度，一般情况宜为 50 mm～90 mm，纵、横跨交接处宜为 100 mm～150 mm。

2 突出屋面的天窗宜采用钢天窗架或矩形截面杆件的钢筋混凝土天窗架。天窗屋盖与端壁板宜为轻型板材；天窗架宜从厂房单元端部第三柱间开始设置。

3 7 度且厂房跨度大于 24 m 或 8 度时，屋架宜为钢屋架；柱距为 12 m 时，可为预应力混凝土托架。端部宜有屋架，不宜采用山墙承重。

4 砖围护墙宜为外贴式，不宜为一侧有墙另一侧敞开或一侧外贴而另一侧嵌砌等，但单跨厂房可两侧均为嵌砌式。

8.3.2 厂房现有构件的形式应符合下列规定：

1 现有的屋架上弦端部支承屋面板的小立柱截面不宜小于 200 mm×200 mm，高度不宜大于 500 mm；小立柱的主筋，7 度时不宜小于 4Φ12，8 度时不宜小于 4Φ14；小立柱的箍筋间距不宜大于 100 mm。

2　钢筋混凝土屋架上弦第一节间和梯形屋架现有的端竖杆的配筋，7 度时不宜小于 4Φ12，8 度时不宜小于 4Φ14。梯形屋架的端竖杆截面宽度宜与上弦宽度相同。

3　8 度时，不宜有腹板大开孔或预制腹板的工字形柱等整体性差或抗剪能力差的排架柱（包括高大山墙的抗风柱）。排架柱柱底至室内地坪以上 500 mm 范围内和阶形柱的上柱宜为矩形。

8.3.3　屋盖现有支撑布置和构造应符合下列规定：

1　屋盖的支撑应符合表 8.3.3-1～表 8.3.3-3 的规定；缺支撑时，应增设。

表 8.3.3-1　B 类厂房无檩屋盖的支撑布置

<table>
<tr><th colspan="3" rowspan="2">支撑名称</th><th colspan="2">烈　度</th></tr>
<tr><th>6，7</th><th>8</th></tr>
<tr><td rowspan="6">屋架支撑</td><td colspan="2">上弦横向支撑</td><td>屋架跨度小于 18 m 时同非抗震设计，跨度不小于 18 m 时在厂房单元端开间各有一道</td><td>厂房单元端开间及柱间支撑开间各有一道；天窗开洞范围的两端各有局部的支撑一道</td></tr>
<tr><td colspan="2">上弦通长水平系杆</td><td>同非抗震设计</td><td>沿屋架跨度不大于 15 m 有一道，但装配整体式屋面可没有；围护墙在屋架上弦高度有现浇圈梁时，其端部处可没有</td></tr>
<tr><td colspan="2">下弦横向支撑</td><td colspan="2">同非抗震设计</td></tr>
<tr><td colspan="2">跨中竖向支撑</td><td colspan="2">同非抗震设计</td></tr>
<tr><td rowspan="2">两端竖向支撑</td><td>屋架端部高度≤900 mm</td><td>同非抗震设计</td><td>厂房单元端开间各有一道</td></tr>
<tr><td>屋架端部高度＞900 mm</td><td>厂房单元端开间各有一道</td><td>厂房单元端开间及柱间支撑开间各有一道</td></tr>
<tr><td colspan="3">天窗两侧竖向支撑</td><td>厂房单元天窗端开间及每隔 30 m 各有一道</td><td>厂房单元天窗端开间及每隔 24 m 各有一道</td></tr>
<tr><td colspan="3">天窗上弦横向支撑</td><td>同非抗震设计</td><td>天窗跨度≥9 m 时，厂房单元天窗端开间及柱间支撑开间宜各有一道</td></tr>
</table>

表 8.3.3-2　B 类厂房中间井式天窗无檩屋盖的支撑布置

<table>
<tr><td colspan="2" rowspan="2">支撑名称</td><td colspan="2">烈　度</td></tr>
<tr><td>6，7</td><td>8</td></tr>
<tr><td colspan="2">上、下弦横向支撑</td><td>厂房单元端开间各有一道</td><td>厂房单元端开间及柱间支撑开间各有一道</td></tr>
<tr><td colspan="2">上弦通长水平系杆</td><td colspan="2">在天窗范围内屋架跨中上弦节点处有</td></tr>
<tr><td colspan="2">下弦通长水平系杆</td><td colspan="2">在天窗两侧及天窗范围内屋架下弦节点处有</td></tr>
<tr><td colspan="2">跨中竖向支撑</td><td colspan="2">在上弦横向支撑开间处有，位置与下弦通长系杆相对应</td></tr>
<tr><td rowspan="2">两端竖向支撑</td><td>屋架端部高度≤900 mm</td><td colspan="2">同非抗震设计</td></tr>
<tr><td>屋架端部高度>900 mm</td><td>厂房单元端开间各有一道</td><td>同上弦横向支撑，间距不大于 48 m</td></tr>
</table>

表 8.3.3-3　B 类单层钢筋混凝土柱厂房有檩屋盖的支撑布置

<table>
<tr><td colspan="2" rowspan="2">支撑名称</td><td colspan="2">烈　度</td></tr>
<tr><td>6，7</td><td>8</td></tr>
<tr><td rowspan="4">屋架支撑</td><td>上弦横向支撑</td><td>厂房单元端开间各有一道</td><td>厂房单元端开间及厂房单元长度大于 66 m 的柱间支撑开间各有一道；
天窗开窗范围的两端各有局部的支撑一道</td></tr>
<tr><td>下弦横向支撑</td><td colspan="2" rowspan="2">同非抗震设计</td></tr>
<tr><td>跨中竖向支撑</td></tr>
<tr><td>端部竖向支撑</td><td colspan="2">屋架端部高度大于 900 mm 时，厂房单元端开间及柱间支撑开间各有一道</td></tr>
<tr><td rowspan="2">天窗架支撑</td><td>上弦横向支撑</td><td>厂房单元的天窗端开间各有一道</td><td rowspan="2">厂房单元的天窗端开间及每隔 30 m 各有一道</td></tr>
<tr><td>两侧竖向支撑</td><td>厂房单元的天窗端开间及每隔 36 m 各有一道</td></tr>
</table>

2 屋架支撑布置和构造尚应符合下列要求：

1）8 度时，跨度不大于 15 m 的薄腹梁无檩屋盖，可仅在厂房单元两端各有竖向支撑一道。

2）上、下弦横向支撑和竖向支撑的杆件应为型钢。

3）8 度时，横向支撑的直杆应符合压杆要求，交叉杆在交叉处不宜中断，不符合时应加固。

4）柱距不小于 12 m 的托架（梁）区段及相邻柱距段的一侧（不等高厂房为两侧）应有下弦纵向水平支撑。

8.3.4 现有排架柱的构造与配筋应符合下列规定：

1 下列范围内排架柱的箍筋间距不应大于 100 mm，最小箍筋直径应符合表 8.3.4 的规定。当不满足时，应加固：

1）柱顶以下 500 mm，并不小于柱截面长边尺寸。

2）阶形柱牛腿面至吊车梁顶面以上 300 mm。

3）牛腿或柱肩全高。

4）柱底至设计地坪以上 500 mm。

5）柱间支撑与柱连接节点和柱变位受约束的部位上、下各 300 mm。

表 8.3.4 加密区的最小箍筋直径(mm)

加密区位置	烈 度		
	6	7	8
一般柱头、柱根	8	8	8
上柱、牛腿和有支撑的柱根	8	8	10
有支撑的柱头，柱变位受约束的部位	8	10	10

2 支承低跨屋架的中柱牛腿（柱肩）中，承受水平力的纵向钢筋应与预埋件焊牢。7 度时，承受水平力的纵向钢筋不应小于 2Φ12；8 度时，不应小于 2Φ14。

8.3.5 现有的柱间支撑应为型钢，其斜杆与水平面的夹角不宜大于 55°。柱间支撑布置应符合下列规定，不符合时应增设支撑或采取其他相应措施：

1 厂房单元中部应有一道上、下柱柱间支撑，有吊车或 8 度时，单元两端宜各有一道上柱柱间支撑。

2 柱间支撑斜杆的长细比，不宜超过表 8.3.5 的规定。交叉支撑在交叉点应设置节点板，其厚度不应小于 10 mm，斜杆与该节点板应焊接，与端节点板宜焊接。

表 8.3.5 柱间支撑交叉斜杆的最大长细比

位　置	烈　度	
	6，7	8
上柱支撑	250	200
下柱支撑	200	150

3 8 度时跨度不小于 18 m 的多跨厂房中柱，柱顶应有通长水平压杆，此压杆可与梯形屋架支座处通长水平系杆合并设置，钢筋混凝土系杆端头与屋架间的空隙应采用混凝土填实。

4 下柱支撑的下节点位置和构造应能将地震作用直接传给基础。7 度时，下柱支撑的下节点在地坪以上时应靠近地面处。

8.3.6 厂房结构构件现有的连接构造应符合下列规定，不符合时应采取相应的加强措施：

1 有檩屋盖的檩条在屋架(屋面梁)上的支承长度不宜小于 50 mm，且与屋架(屋面梁)应焊牢；屋脊檩应在跨度 1/3 处相互拉结；槽瓦、瓦楞铁、石棉瓦等与檩条的连接件不应漏缺或锈蚀。

2 大型屋面板应与屋架(屋面梁)焊牢，无预埋件焊连条件的屋面板宜采用装配整体式接头，或将板四角切掉后与屋架(屋面梁)焊牢，靠柱列的屋面板与屋架(屋面梁)的连接焊缝长度不宜小于 80 mm；7 度时有天窗厂房单元的端开间或 8 度时各开间，垂直屋架方向两侧相邻的大型屋面板的顶面宜彼此焊牢；8 度时，大型屋面板端头底面的预埋件宜采用角钢，并与主筋焊牢。

3 突出屋面天窗架的侧板与天窗立柱宜用螺栓连接。

4 屋架(屋面梁)与柱子的连接,8 度时宜为螺栓;屋架(屋面梁)端部支承垫板的厚度不宜小于 16 mm;柱顶预埋件的锚筋,8 度时宜为 4Φ14,有柱间支撑的柱子,柱顶预埋件还应有抗剪钢板;柱间支撑与柱连接节点预埋件的锚件,8 度时宜采用角钢加端板,其他情况可采用 HRB335、HRB400 钢筋,但锚固长度不应小于 30 倍锚筋直径。

5 山墙抗风柱与屋架(屋面梁)上弦应有可靠连接;当抗风柱与屋架下弦相连接时,连接点应设在下弦横向支撑节点处;此时,下弦横向支撑的截面和连接节点应进行抗震承载力验算。

8.3.7 黏土砖围护墙现有的连接构造应符合下列规定:

1 纵墙、山墙、高低跨封墙和纵横跨交接处的悬墙,沿柱高每隔不大于 500 mm 均应有 2φ6 钢筋与柱(包括抗风柱)、屋架(包括屋面梁)端部、屋面板和天沟板可靠拉结。高低跨厂房的高跨封墙不应直接砌在低跨屋面上。

2 砖围护墙的圈梁应符合下列要求:

1) 梯形屋架端部上弦和柱顶标高处应有现浇钢筋混凝土圈梁各一道,但屋架端部高度不大于 900 mm 时可合并设置。

2) 8 度时,应按上密下疏的原则沿墙高每隔 4 m 左右宜有圈梁一道。沿山墙顶应有卧梁并宜与屋架端部上弦高度处的圈梁连接,不等高厂房的高低跨封墙和纵横跨交接处的悬墙,圈梁的竖向间距应不大于 3 m。

3) 圈梁宜闭合,当柱距不大于 6 m 时,圈梁的截面宽度宜与墙厚相同,高度不应小于 180 mm,其配筋不应少于 4Φ12;厂房转角处柱顶圈梁在端开间范围内的纵筋不宜小于 4Φ14,转角两侧各 1 m 范围内的箍筋直径不宜小于φ8,间距不宜大于 100 mm;各圈梁在转角处应有不少于 3 根且直径与纵筋相同的水平斜筋。

4）圈梁与屋架或柱应有可靠连接；山墙卧梁与屋面板应有拉结；顶部圈梁与柱锚拉的钢筋不宜少于 4Φ12，且锚固长度不宜小于 35 倍钢筋直径；变形缝处圈梁和柱顶、屋架锚拉的钢筋均应有所加强。

3 墙梁宜采用现浇；当采用预制墙梁时，预制墙梁与柱应有可靠连接，梁底与其下的墙顶宜有拉结；厂房转角处相邻的墙梁，应相互可靠连接。

4 女儿墙可按照本标准第 5.2.8 条的规定检查，位于出入口、高低跨交接处和披屋上部的女儿墙不符合要求时，应采取相应措施。

8.3.8 砌体内隔墙的构造应符合下列规定：

1 独立隔墙的砌筑砂浆，实际达到的强度等级不宜低于 M2.5。

2 到顶的内隔墙与屋架（屋面梁）下弦之间不应有拉结，但墙体应有稳定措施。

3 隔墙应与柱柔性连接或脱开，并应有稳定措施，顶部应有现浇钢筋混凝土压顶梁。

（Ⅱ）抗震承载力验算

8.3.9 B 类单层钢筋混凝土柱厂房，应按现行上海市工程建设规范《建筑抗震设计标准》DGJ 08—9 的规定进行纵、横向的抗震计算，并可按本标准第 3.1.6 条的规定进行抗震承载力验算。

9 单层砖柱厂房鉴定

9.1 一般规定

9.1.1 本章适用于7度时砖柱(墙垛)承重的单层厂房。

9.1.2 抗震鉴定时,影响房屋整体性、抗震承载力和易倒塌伤人的下列关键薄弱部位应重点检查:

1 女儿墙、门脸、出屋面小烟囱和山墙山尖以及变截面柱和不等高排架柱的上柱。

2 与排架柱整体砌筑但不到顶的砌体隔墙、封檐墙。

9.1.3 砖柱厂房的外观和内在质量宜符合下列要求:

1 承重柱、墙无酥碱、剥落、明显裂缝、露筋或损伤。

2 木屋盖构件无腐朽、严重开裂、歪斜或变形,节点无松动。

3 混凝土构件应符合本标准第6.1.3条的有关规定。

9.1.4 A类单层砖柱厂房,应按本标准第9.2节的规定检查结构布置、构件形式、材料强度、整体性连接和易损部位的构造等,并按本标准第9.2.7条的方法进行抗震承载力验算,综合评定其抗震能力。

B类砖柱厂房,应按本标准第9.3节检查结构布置、构件形式、材料强度、整体性连接和易损部位的构造等,并应按本标准第9.3.7条的规定进行抗震承载力验算,综合评定其抗震能力。

当关键薄弱部位不符合本章规定时,应要求加固或处理;一般部位不符合规定时,可根据不符合的程度和影响的范围,提出相应对策。

9.1.5 砖柱厂房的钢筋混凝土部分和附属房屋的抗震鉴定,应根据其结构类型分别按本标准相应章节的有关规定进行，但附属房屋与车间相连的部位，尚应符合本章的要求并计入相互的不利影响。

9.2 A类单层砖柱厂房抗震鉴定

（Ⅰ）抗震措施鉴定

9.2.1 单层砖柱厂房现有的结构布置和构件形式应符合下列规定：

1 承重山墙厚度不应小于240 mm，开洞的水平截面面积不应超过山墙截面总面积的50%。

2 7度时，纵向边柱列应有与柱等高且整体砌筑的砖墙。

9.2.2 单层砖柱厂房现有的结构布置和构件形式尚应符合下列规定：

1 多跨厂房为不等高时，低跨的屋架（梁）不应削弱砖柱截面。

2 有桥式吊车或跨度大于12 m且柱顶标高大于6 m的厂房，应适当提高其抗震鉴定要求。

3 与柱不等高的砌体隔墙，宜与柱柔性连接或脱开。

4 7度时，双曲砖拱屋盖的跨度不宜大于15 m；拱脚处应有拉杆，山墙应有壁柱。

9.2.3 砖柱（墙垛）材料实际达到的强度等级应符合下列规定：

1 砖强度等级不宜低于MU7.5。

2 砌筑砂浆强度等级不宜低于M1。

9.2.4 单层砖柱厂房现有的整体性连接构造应符合下列规定：

1 屋架或大梁的支承长度不宜小于240 mm；支承屋架（梁）的砖柱（墙垛）顶部应有混凝土垫块。

2 独立砖柱应在两个方向均有可靠连接。

9.2.5 单层砖柱厂房现有的整体性连接构造尚应符合下列规定：

1　木屋盖的支撑布置可参照非抗震设计的要求，但天窗两端第一开间宜设置天窗两侧竖向支撑各一道，不应在端开间设置下弦水平系杆与山墙连接；木天窗架的边柱，宜采用通长木夹板或铁板并通过螺栓加强柱与屋架上弦的连接；钢筋混凝土屋盖的支撑布置要求，可按照本标准第8.1和第8.2节的有关规定。

2　木屋盖的支撑与屋架、天窗架宜采用钉连接；对接檩条的搁置长度不应小于60 mm，檩条在砖墙上的搁置长度不宜小于120 mm。

3　圈梁布置：7度且屋架底部标高大于4 m时，屋架底部标高处沿外墙和承重内墙，均应有现浇闭合圈梁一道，并与屋架或大梁等可靠连接。

4　7度时，屋盖构件应与山墙可靠连接，山墙壁柱宜通到墙顶；跨度大于10 m且屋架底部标高大于4 m时，山墙壁柱应通到墙顶，竖向钢筋应锚入卧梁内。

9.2.6　房屋易损部位及其连接的构造应符合下列规定：

1　7度时，砌筑在大梁上的悬墙、封檐墙应与梁、柱及屋盖等有可靠连接。

2　女儿墙等应符合本标准第5.2.8条第2款的有关规定。

（Ⅱ）抗震承载力验算

9.2.7　A类单层砖柱厂房的下列部位应按现行国家标准《建筑抗震设计规范》GB 50011的规定进行纵、横向抗震分析，并可按本标准第3.1.6条的规定进行结构构件的抗震承载力验算：

1　无筋砖柱(墙垛)。

2　每侧纵筋少于3φ10的砖柱(墙垛)。

3　开洞的水平截面面积超过截面总面积50%的山墙。

4　高大山墙的壁柱应进行平面外的抗震验算。

9.3 B类单层砖柱厂房抗震鉴定

（Ⅰ）抗震措施鉴定

9.3.1 按B类要求进行抗震鉴定的单层砖柱厂房，宜为单跨、等高且无桥式吊车的厂房，跨度不大于12 m且柱顶标高不大于6 m。

9.3.2 砖柱厂房现有的平立面布置，宜符合本标准第8.3节的有关规定，但防震缝的检查宜符合下列要求：

1 轻型屋盖厂房，可没有防震缝。

2 钢筋混凝土屋盖厂房与贴建的建（构）筑物间宜有防震缝，其宽度可采用50 mm～70 mm。

3 防震缝处宜设有双柱或双墙。

注：本节轻型屋盖指木屋盖和轻钢屋架、瓦楞铁、石棉瓦屋面的屋盖。

9.3.3 厂房现有的结构体系应符合下列要求：

1 宜为轻型屋盖。

2 不宜采用十字形截面的无筋砖柱；宜采用组合砖柱，或边柱采用组合砖柱，中柱采用钢筋混凝土柱。

3 厂房纵向独立砖柱柱列，可在柱间由与柱等高的抗震墙承受纵向地震作用，砖抗震墙应与柱同时咬槎砌筑，并应有基础。

4 厂房两端均应有承重山墙。

5 横向内隔墙宜为抗震墙，非承重隔墙和非整体砌筑且不到顶的纵向隔墙宜为轻质墙；非轻质墙，应考虑隔墙对柱及其与屋架连接节点的附加地震剪力。

6 不应采用双曲砖拱。

9.3.4 砖柱（墙垛）材料实际达到的强度等级应符合下列规定：

1 砖强度等级不宜低于MU7.5。

2 砌筑砂浆强度等级不宜低于M2.5。

9.3.5 砖柱厂房现有屋盖的检查应符合下列规定：

1 木屋盖的支撑布置可参照非抗震设计的要求，但天窗两端第一开间宜设置天窗两侧竖向支撑各一道，不应在端开间设置下弦水平系杆与山墙连接；支撑与屋架或天窗架应采用螺栓连接；木天窗架的边柱宜采用通长木夹板或铁板并通过螺栓加强柱与屋架上弦的连接。

2 钢筋混凝土屋盖的构造鉴定要求应符合本标准第8.3节的有关规定。

9.3.6 砖柱厂房现有的连接构造应按下列规定检查：

1 厂房柱顶标高处及基础顶面处应沿房屋外墙及承重内墙设置现浇圈梁，7度且柱距超过4 m时，墙高中段宜增设一道圈梁，圈梁的截面高度不应小于180 mm，配筋不应少于4Φ12；当圈梁兼作门窗过梁或抵抗不均匀沉降影响时，其截面和配筋除满足抗震要求外，尚应根据实际受力计算确定。

2 山墙沿屋面应有现浇钢筋混凝土卧梁，并应与屋盖构件锚拉；山墙壁柱的截面和配筋不宜小于排架柱，壁柱应通到墙顶并与卧梁或屋盖构件连接。

3 屋架(屋面梁)与墙顶圈梁或柱顶垫块应为螺栓连接或焊接；柱顶垫块的厚度不应小于240 mm，并应有直径不小于φ8、间距不大于100 mm的钢筋网两层；墙顶圈梁应与柱顶垫块整浇。

(Ⅱ)抗震承载力验算

9.3.7 B类砖柱厂房应按现行国家标准《建筑抗震设计规范》GB 50011的规定进行纵、横向抗震分析，并可按本标准第3.1.6条的规定进行结构构件的抗震承载力验算。

10 单层空旷房屋鉴定

10.1 一般规定

10.1.1 本章适用于较空旷的单层大厅和附属房屋组成的公共建筑。

10.1.2 抗震鉴定时，影响房屋整体性、抗震承载力和易倒塌伤人的下列关键薄弱部位应重点检查：

1 7度时，应检查女儿墙、门脸、出屋面小烟囱和山墙山尖，以及舞台口大梁上的砖墙、承重山墙连接的可靠性。

2 8度时，除按上述要求检查外，尚应检查承重柱（墙垛）、舞台口横墙、屋盖支撑及其连接、圈梁、较重装饰物的连接及相连附属房屋的影响。

10.1.3 空旷房屋的外观和内在质量宜符合下列要求：

1 承重柱、墙无酥碱、剥落、明显裂缝、露筋或损伤。

2 木屋盖构件无腐朽、严重开裂、歪斜或变形，节点无松动。

3 混凝土构件应符合本标准第6.1.3条的有关规定。

10.1.4 单层空旷房屋，应根据结构布置和构件形式的合理性、构件材料实际强度、房屋整体性连接构造的可靠性和易损部位构件自身构造及其与主体结构连接的可靠性等，进行结构布置和构造的检查。

对A类单层空旷房屋，应按本标准第10.2节的规定检查结构布置、构件形式、材料强度、整体性连接和易损部位的构造等，并按本标准第10.2.5条的方法进行抗震承载力验算，综合评定其抗震能力。

对B类单层空旷房屋，应按本标准第10.3节检查结构布置、构件形式、材料强度、整体性连接和易损部位的构造等，并应按本标准第10.3.7条的规定进行抗震承载力验算，综合评定其抗震能力。

当关键薄弱部位不符合规定时，应要求加固或处理；一般部位不符合规定时，应根据不符合的程度和影响的范围，提出相应对策。

10.1.5 空旷房屋的钢筋混凝土部分和附属房屋的抗震鉴定，应根据其结构类型分别按本标准相应章节的有关规定进行，但附属房屋与大厅相连的部位，尚应符合本章的要求并计入相互的不利影响。

10.2 A类单层空旷房屋抗震鉴定

（Ⅰ）抗震措施鉴定

10.2.1 A类单层空旷房屋的大厅，除应按本节的规定进行抗震鉴定外，其他要求应符合本标准第9.2节的有关规定；附属房屋的抗震鉴定，应按其结构类型按本标准相关章节的规定进行。

10.2.2 房屋现有的结构布置和构件形式，应符合下列规定：

1 大厅与前、后厅之间不宜有防震缝；附属房屋与大厅相连，二者之间应有圈梁连接。

2 单层空旷房屋的大厅，支承屋盖的承重结构，在下列情况下不宜采用砖柱：

1） 7度时，有挑台或跨度大于21 m或柱顶标高大于10 m。

2） 8度时，有挑台或跨度大于18 m或柱顶标高大于8 m。

3 舞台后墙、大厅与前厅交接处的高大山墙，宜利用工作平台或楼层作为水平支撑。

10.2.3 房屋现有的整体性连接构造应符合下列规定：

1 大厅的屋盖构造，应符合本标准第8章的要求。

2 8度时，支承舞台口大梁的墙体应有保证稳定的措施。

3 大厅柱(墙)顶标高处应有现浇闭合圈梁一道,沿高度每隔 4 m 左右在窗顶标高处还应有闭合圈梁一道。

4 大厅与相连的附属房屋,在同一标高处应有封闭圈梁并在交界处拉通。

5 山墙壁柱宜通到墙顶;8 度时,山墙顶尚应有钢筋混凝土卧梁,并与屋盖构件锚拉。

10.2.4 房屋易损部位及其连接的构造应符合下列规定:

1 8 度时,舞台口横墙顶部宜有卧梁,并应与构造柱、圈梁、屋盖等构件有可靠连接。

2 悬吊重物应有锚固和可靠的防护措施。

3 悬挑式挑台应有可靠的锚固和防止倾覆的措施。

4 8 度时,顶棚等宜为轻质材料。

5 女儿墙、高门脸等应符合本标准第 5.2.8 条第 2 款的有关规定。

(Ⅱ)抗震承载力验算

10.2.5 A 类单层空旷房屋可按现行上海市工程建设规范《建筑抗震设计标准》DGJ 08—9 的规定进行纵、横向抗震分析,并可按本标准第 3.1.6 条的规定进行结构构件的抗震承载力验算。验算时,应重点复核下列部位的抗震承载力:

1 悬挑式挑台的支承构件。

2 高大山墙和舞台后墙的壁柱应进行平面外的截面抗震验算。

10.3 B 类单层空旷房屋抗震鉴定

(Ⅰ)抗震措施鉴定

10.3.1 单层空旷房屋的结构布置应按下列要求检查:

1 单层空旷房屋的大厅,支承屋盖的承重结构,在下列情况下应为钢筋混凝土结构：

1）7 度时，有挑台或跨度大于 21 m 或柱顶标高大于 10 m。

2）8 度时，有挑台或跨度大于 18 m 或柱顶标高大于 8 m。

2 舞台口的横墙应符合下列要求：

1）舞台口横墙两侧及墙两端应有构造柱或钢筋混凝土柱。

2）舞台口横墙沿大厅屋面处应有钢筋混凝土卧梁，其截面高度不宜小于 180 mm，并应与屋盖构件可靠连接。

3）舞台口大梁上的承重墙应每隔 4 m 有一根立柱，并应沿墙高每隔 3 m 有一道圈梁；立柱、圈梁的截面尺寸、配筋及其与墙体的拉结等应符合多层砌体房屋的要求。

10.3.2 单层空旷房屋的结构布置尚应按下列要求检查：

1 大厅和前、后厅之间不宜有防震缝，大厅与两侧附属房屋之间可没有防震缝，但应加强相互之间的连接。

2 大厅的砖柱宜为组合柱，柱上端钢筋应锚入屋架底部的钢筋混凝土圈梁内；组合柱的纵向钢筋，应按计算确定，且每侧不应少于 4Φ14。

10.3.3 空旷房屋材料实际达到的强度等级应符合下列规定：

1 砖强度等级不宜低于 MU7.5。

2 砌筑砂浆强度等级不宜低于 M2.5。

3 混凝土强度等级不应低于 C20。

10.3.4 单层空旷房屋的整体性连接，应按下列要求检查：

1 大厅柱(墙)顶标高处应有现浇圈梁，并宜沿墙高每隔 3 m 左右有一道圈梁，梯形屋架端部高度大于 900 mm 时还应在上弦标高处有一道圈梁；其截面高度不宜小于 180 mm，宽度宜与墙厚相同，配筋不应少于 4Φ12，箍筋间距不宜大于 200 mm。

2 大厅与附属房屋不设防震缝时，应在同一标高处设有封闭圈梁并在交接处拉通，墙体交接处应沿墙高每隔不大于 500 mm 有 2Φ6 拉结钢筋，且每边伸入墙内不宜小于 1 m。

3 悬挑式挑台应有可靠的锚固和防止倾覆的措施。

10.3.5 单层空旷房屋的易损部位应按下列要求检查：

1 山墙应沿屋面设有钢筋混凝土卧梁，并应与屋盖构件锚拉；山墙应设有构造柱或组合砖柱，其截面和配筋分别不宜小于排架柱或纵墙砖柱，并应通到山墙的顶端与卧梁连接。

2 舞台后墙、大厅与前厅交接处的高大山墙，应利用工作平台或楼层作为水平支撑。

10.3.6 大厅的屋盖构造以及大厅的其他鉴定要求，可按本标准第 8.3 节和第 9.3 节的相关要求检查。

（Ⅱ）抗震承载力验算

10.3.7 B 类单层空旷房屋应按现行上海市工程建设规范《建筑抗震设计标准》DGJ 08—9 的规定进行纵、横向抗震分析，并可按本标准第 3.1.6 条的规定进行结构构件的抗震承载力验算。

11 木结构房屋鉴定

11.1 一般规定

11.1.1 本章适用于屋盖、楼盖以及支承柱均由木材制作的不超过三层的穿斗木构架、旧式木骨架、木柱木屋架房屋，单层的柁木檩架房屋。

注：1. 旧式木骨架房屋指由檩、柁(梁)、柱组成承重木骨架和砖围护墙的房屋。

2. 柁木檩架指农村中构件截面较小的木柁架。

3. 木柱和砖墙柱混合承重的房屋，砖砌体部分可按照本标准第9章的有关要求鉴定。

11.1.2 木结构房屋可不作抗震承载力验算，以抗震构造鉴定为主，8度时，应适当提高抗震构造要求。

11.1.3 木结构房屋抗震鉴定时，尚应按有关规定检查消防设施的现状和地震时的防火问题。

11.1.4 抗震鉴定时，应重点检查承重木构架、楼盖和屋盖的质量(品质)和连接、墙体与木构架的连接、房屋所处场地条件的不利影响。

11.1.5 木结构房屋的外观和内在质量宜符合下列要求：

1 柱、梁(柁)、屋架、檩、椽、穿枋、龙骨等受力构件无明显的变形、歪扭、腐朽、霉变、蚁蚀、影响受力的裂缝和弊病。

2 木构件的节点无明显松动、拔榫或榫头折断。

3 连接铁件无严重锈蚀、变形或残缺。

4 7度时，木构架倾斜不应超过木柱直径的1/3；8度时，不应有歪闪。

5 墙体无空臌、酥碱、歪闪和明显裂缝。

11.2 A 类房屋抗震鉴定

11.2.1 现有木构架的布置和构造应符合下列规定：

1 旧式木骨架的布置和构造应符合下列要求：

1) 8 度时，无廊厦的木构架，柱高不应超过 3 m；超过时，木柱与柁(梁)应有斜撑连接。

2) 构造形式应合理，不应有悠悬柁架或无后檐檩，瓜柱高于 700 mm 的腊钎瓜柱柁架、柁与柱为榫接的五檩柁架和无连接措施的接柁等。

3) 木柱的柱脚及砖墩连接时，墩的高度不宜大于 300 mm，且砂浆强度等级不应低于 M2.5；8 度时，无横墙处的柱脚，其连接的榫头处应有竖向连接铁件。

4) 柱与大梁榫接处、被楼层大梁间断的柱与梁相交处均应有铁件连接。

5) 檩与椽、柁(梁)，龙骨与大梁、楼板应钉牢；对接檩下应有替木或爬木，并与瓜柱钉牢或为燕尾榫。

6) 檩与瓜柱上的支承长度：7 度时，不应小于 60 mm；8 度时，不应小于 80 mm。

7) 楼盖的木龙骨间应有剪刀撑，龙骨在大梁上的支撑长度不应小于 80 mm。

2 木柱木屋架的布置和构造应符合下列要求：

1) 梁柱布置不应零乱，并宜有排山架。

2) 木屋架不应采用无下弦的人字屋架。

3) 柱顶在两个方向均应有可靠连接；被木梁间断的木柱与梁应有铁件连接；8 度时，木柱上部与屋架的端部宜有角撑，多跨房屋的边跨为单坡时，中柱与屋架下弦间应有角撑或铁件连接，角撑与木柱的夹角不宜小于 30°，柱底与基础应有铁件锚固。

4）柱顶宜有通长水平系杆，房屋两端的屋架间应有竖向支撑；房屋长度大于 30 m 时，在中段且间隔不大于 20 m 的柱间和屋架间均应有支撑；跨度小于 9 m 且有密铺木望板或房屋长度小于 25 m 且呈四坡顶时，屋架间可无支撑。

5）檩与椽和屋架，龙骨与大梁和楼板应钉牢；对接檩下方应有替木或爬木；对接檩在屋架上的支承长度不应小于 60 mm。

6）木构件在墙上的支承长度，对屋架和楼盖大梁不应小于 250 mm，对接檩和木龙骨不应小于 120 mm。

7）屋面坡度超过 30°时，瓦与屋盖应有拉结；座泥挂瓦的坡屋面，座泥厚度不宜大于 60 mm。

3 柁木檩架的布置和构造应符合下列要求：

1）房屋的檐口高度：7 度时，不宜超过 2.9 m；8 度时，不宜超过 2.7 m。

2）柁(梁)与柱之间应有斜撑；房屋宜有排山架，无排山架时，山墙应有足够的承载能力。

3）瓜柱直径：7 度时，不宜小于 120 mm；8 度时，不宜小于 140 mm。

4）檩与椽和柁(梁)应钉牢；对接檩下方应有替木或爬木，并与瓜柱钉牢或为燕尾榫。

5）檩条支承在墙上时，檩下应有垫木或卧泥垫砖；檩在柁(梁)或墙上的最小支承长度应符合表 11.2.1 的规定。

表 11.2.1 檩的最小支承长度(mm)

连接方式	7 度		8 度	
	柁(梁)上	墙上	柁(梁)上	墙上
对接	50	180	70	240 且不小于墙厚
搭接	100	240	120	240 且不小于墙厚

4　穿斗木构架在纵横两方向均应有穿枋，梁柱节点宜为银锭榫，木柱被榫槽减损的截面面积不宜大于全截面的1/3。

11.2.2　现有墙体的布置和构造应符合下列规定：

1　旧式木骨架、木柱木屋架房屋的墙体应符合下列要求：

1) 厚度不小于240 mm的砖抗震横墙，其间距不应大于3个开间；7度时，有前廊的单层木构架房屋，其间距可为5个开间。

2) 8度时，砖实心墙可为白灰砂浆或M0.4砂浆砌筑，外整里碎砖墙的砂浆强度等级不应低于M1。

3) 山墙与檩条、檩墙顶部与柱应有拉结。

4) 7度时墙高超过3.5 m和8度时，外墙沿柱高每隔1 m与柱应有一道拉结；房屋的围护墙，应在楼盖附近和檐口下每隔1 m与梁或木龙骨有一道拉结。

5) 用砂浆强度等级为M1砌筑的厚度120 mm高度大于2.5 m且长度大于4.5 m的后砌砖隔墙，7、8度时高度大于3 m且长度大于5 m的后砌砖隔墙，应沿墙高每隔1 m与木构架有钢筋或铁丝拉结；8度时墙顶尚应与柁(梁)拉结。

6) 空旷的木柱木屋架房屋，围护墙的砂浆强度等级不应低于M1，7度时柱高大于4 m和8度时，墙顶应有闭合圈梁一道。

2　柁木檩架房屋的墙体应符合下列要求：

1) 7度时，抗震横墙间距不宜大于3个开间；8度时，不宜大于2个开间。

2) 承重墙体内无烟道。

3　穿斗木构架房屋的墙体应符合下列要求：

1) 7度时，抗震横墙间距不宜大于5个开间，轻质抗震墙间距不宜大于4个开间；8度时，砖墙或轻质抗震墙的间距不宜大于3个开间。

2）7 度时，空斗砖墙的砌筑砂浆强度等级不应低于 M1；8 度时，砖实心墙的砌筑砂浆强度等级不应低于 M0.4。

3）围护墙宜贴砌在木柱外侧或半包柱。

4）砖墙在 7 度时高度大于 3.5 m 和 8 度时，沿墙高每隔 1 m 与柱应有一道拉结。

5）轻质的围护墙、抗震墙应与木构架钉牢。

11.2.3 木结构房屋易损部位的构造应符合下列规定：

1 楼房的挑阳台、外走廊、木楼梯的柱和梁等承重构件应与主体结构牢固连接。

2 抹灰顶棚不应有明显的下垂；抹面层或墙面装饰不应松动、起臌；屋面瓦尤其檐口瓦不应有下滑。

3 女儿墙、门脸装饰等和突出屋面小烟囱的构造宜符合本标准第 5 章的有关规定。

4 用砂浆强度等级为 M0.4 砌筑的卡口围墙，其高度不宜超过 4 m，并应与主体结构有可靠拉结。

11.2.4 木结构房屋符合本节各项规定时，可评为满足抗震鉴定要求；当遇下列情况之一时，应采取加固或其他相应措施：

1 木构件腐朽、霉变、虫蛀、严重开裂而可能丧失承载能力。

2 木构架的构造形式不合理。

3 木构架的构件连接不牢或支承长度小于规定值的 75%。

4 墙体与木构架的连接或易损部位的构造不符合要求。

11.3 B 类房屋抗震鉴定

11.3.1 B 类木结构房屋的结构布置，除按 A 类的要求检查外，尚应符合下列规定：

1 房屋的平面布置应避免拐角或突出；同一房屋不应采用木柱与砖柱或砖墙等混合承重。

2 木柱木构架和穿斗木构架房屋不宜超过二层，总高度不宜超过 6 m;木柱木梁房屋宜建单层,高度不宜超过 3 m。

3 礼堂、剧院、粮仓等较大跨度的空旷房屋,宜采用四柱落地的三跨木排架。

11.3.2 B类木结构房屋的抗震构造,除按 A 类的要求检查外,尚应符合下列规定:

1 木屋架屋盖的支撑布置,应符合本标准第 8.3 节的有关规定,但房屋两端的屋架支撑应设置在端开间。

2 柱顶须有暗榫插入屋架下弦,并用 U 型铁连接;8 度时,柱脚应采用铁件与基础锚固。

3 空旷房屋木柱与屋架(或梁)间应有斜撑;横隔墙较多的居住房屋在非抗震隔墙内应有斜撑,穿斗木构架房屋可没有斜撑;斜撑宜为木夹板,并应通到屋架的上弦。

4 穿斗木构架房屋的纵向应在木柱的上、下端设置穿枋,并应在每一纵向列柱间设置 1～2 道斜撑。

5 斜撑和屋盖支撑构件,均应采用螺栓与主体构件连接;除穿斗木构件外,其他木构架宜为螺栓连接。

6 围护墙应与木结构可靠拉结;砌筑的围护墙宜贴砌在木柱的外侧,不应将木柱完全包裹。

12 烟囱和水塔鉴定

12.1 烟 囱

（Ⅰ）一般规定

12.1.1 本节适用于普通类型的独立砖烟囱和钢筋混凝土烟囱，特殊形式的烟囱及重要的高大烟囱应采用专门的鉴定方法。

12.1.2 烟囱的筒壁不应有明显的裂缝和倾斜，砖烟囱砌体不应松动，混凝土不应有严重的腐蚀和剥落，钢筋无露筋和锈蚀。不符合要求时，应修补或修复。

12.1.3 烟囱的抗震鉴定包括抗震构造鉴定和抗震承载力验算，当符合本节各项规定时，应评为满足抗震鉴定要求；当不符合本节各项规定时，可根据构造和抗震承载力不符合的程度，通过综合分析确定采取加固或其他相应对策。

12.1.4 砖烟囱钢筋端部应设弯钩，搭接长度不应小于40倍钢筋直径，搭接长度范围内宜用钢丝绑牢；贯通的竖向钢筋应锚入顶部圈梁内，不贯通的钢筋端部应锚入砌体中预留孔内并用砂浆填实。

12.1.5 钢筋混凝土烟囱与烟道之间应设防震缝，其宽度应符合下列要求：

1 烟道高度不超过15 m时，可采用50 mm。

2 烟道高度超过15 m时，相应7度、8度每增加高度4 m、3 m，宜加宽15 mm。

（Ⅱ）A类烟囱抗震鉴定

12.1.6 A类烟囱的抗震构造鉴定应符合下列规定：

1 砖烟囱筒壁，砖实际达到的强度等级不应低于 MU7.5，砌筑砂浆实际达到的强度等级不应低于 M2.5；钢筋混凝土烟囱筒壁混凝土实际达到的强度等级不应低于 C18。

2 砖烟囱的顶部应设置钢筋混凝土圈梁。

3 砖烟囱上部的配筋，其最小配筋宜符合表 12.1.6 的规定，并宜有一半钢筋延伸到下部；当砌体内有环向钢筋时，环向钢筋可适当减少。

表 12.1.6 A 类砖烟囱的最小配筋要求

烈度	6，7	8
配筋范围	从 0.4H 到顶	全高
竖向配筋	ϕ8@500，且不少于 6 根	ϕ10@500，且不少于 6 根
环向配筋	ϕ6@500	ϕ8@300

注：H 为烟囱高度。

12.1.7 A 类烟囱的抗震承载力验算应符合下列规定：

1 外观和内在质量良好且符合本标准第 12.1.6 条的构造规定的下列烟囱，可不进行截面抗震承载力验算：

1) 7 度时，高度不超过 60 m 的砖烟囱。

2) 7 度时，高度不超过 100 m 的钢筋混凝土烟囱。

2 不符合本条第 1 款规定时，可按本标准第 12.1.9 条进行抗震承载力验算。

（Ⅲ）B 类烟囱抗震鉴定

12.1.8 B 类烟囱的抗震构造鉴定应符合下列规定：

1 砖烟囱筒壁，砖实际达到的强度等级不应低于 MU7.5，砌筑砂浆实际达到的强度等级不应低于 M2.5；钢筋混凝土烟囱筒壁混凝土实际达到的强度等级不应低于 C20。

2 砖烟囱的顶部应设置钢筋混凝土圈梁，8 度时在总高度 2/3 处还宜加设钢筋混凝土圈梁一道，圈梁截面高度不宜小于

180 mm，宽度不宜小于筒壁厚度的 2/3 且不宜小于 240 mm，纵筋不宜小于 4Φ12，箍筋间距不应大于 250 mm。

3 砖烟囱上部的最小配筋宜符合表 12.1.8 的规定，并宜有一半钢筋延伸到下部；当砌体内有环向温度钢筋时，环向钢筋可适当减少。

表 12.1.8　B 类砖烟囱的最小配筋要求

烈度	6	7，8
配筋范围	从 0.5H 到顶	全高
竖向配筋	φ8@500，且不少于 6 根	φ10@500，且不少于 6 根
环向配筋	φ8@500	φ8@300

注：H 为烟囱高度。

12.1.9 B 类烟囱的抗震承载力验算应符合下列规定：

1 外观和内在质量良好且符合本标准第 12.1.8 条的构造规定的下列烟囱，可不进行截面抗震承载力验算：

1) 7 度时，高度不超过 60 m 的砖烟囱。

2) 7 度时，高度不超过 100 m 的钢筋混凝土烟囱。

2 烟囱的水平抗震计算，可采用下列方法：

1) 高度不超过 100 m 的烟囱，可采用本条第 3 款的简化方法。

2) 除本款第 1)项外的烟囱宜采用振型分解反应谱法。高度不超过 150 m 时，可按前 3 个振型的组合；高度超过 150 m 时，宜按前 3 个～5 个振型的组合；高度超过 210 m 时，宜按前 5 个～7 个振型的组合。

3 独立烟囱采用简化方法进行抗震计算时，应按下列规定计算水平地震作用标准值产生的作用效应：

1) 普通类型的独立烟囱的自振周期，可分别按下列公式确定：

高度不超过 60 m 的砖烟囱：

$$T_1 = 0.26 + 0.0024H^2/d \tag{12.1.9-1}$$

高度不超过 150 m 的钢筋混凝土烟囱：

$$T_1 = 0.45 + 0.0011H^2/d \tag{12.1.9-2}$$

式中：T_1——烟囱的基本自振周期(s)；

H——自基础顶面算起的烟囱高度(m)；

d——烟囱筒身半高处横截面的外径(m)。

2）烟囱底部地震弯矩和剪力，应按下列公式计算：

$$M_0 = \alpha_1 G_k H_0 \tag{12.1.9-3}$$

$$V_0 = \eta_c \alpha_1 G_k \tag{12.1.9-4}$$

式中：M_0——烟囱底部由水平地震作用标准值产生的弯矩；

α_1——相应于烟囱基本自振周期的水平地震影响系数，按现行上海市工程建设规范《建筑抗震设计标准》DGJ 08—9 规定取值；

G_k——烟囱恒荷载标准值；

H_0——基础顶面至烟囱重心处的高度；

V_0——烟囱底部由水平地震作用标准值产生的剪力；

η_c——烟囱底部的剪力修正系数，可按表 12.1.9 采用。

表 12.1.9　烟囱底部的剪力修正系数

基本周期 T_1(s)	0.5	1.0	1.5	2.0	2.5	3.0
η_c	0.55	0.60	0.70	0.80	0.90	1.00

3）烟囱各截面的地震弯矩和剪力，可按图 12.1.9 确定。

4　超过 7 度，抗震设计时应进行烟囱的竖向抗震验算，竖向地震作用可按现行上海市工程建设规范《建筑抗震设计标准》DGJ 08—9 的规定确定，竖向地震作用效应的增大系数可采用 2.5。

5　钢筋混凝土烟囱应计算地震附加弯矩；截面抗震验算时

不计入筒壁的温度应力，但应计入温度对材料物理力学性能的影响，其承载力抗震调整系数可采用 0.9。

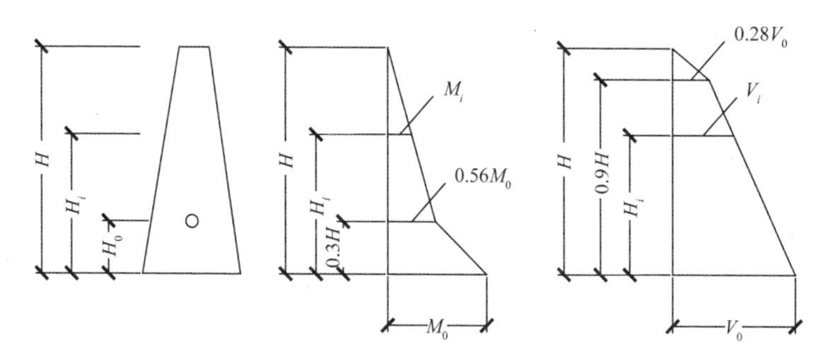

图 12.1.9 烟囱地震作用效应分布

12.2 水 塔

（Ⅰ）一般规定

12.2.1 本节适用于普通类型的独立水塔，特殊形式、多种使用功能的综合水塔，应采用专门的鉴定方法。其中，对于 A 类水塔，适用范围为：

1 容积不大于 500 m^3、高度不超过 35 m 的钢筋混凝土筒壁式和支架式水塔。

2 容积不大于 200 m^3、高度不超过 30 m 的砖筒壁水塔。

3 容积不大于 20 m^3、高度不超过 10 m 的砖支柱水塔。

12.2.2 水塔抗震鉴定时，对筒壁、支架的构造和抗震承载力以及基础的不均匀沉降等，应重点检查。

12.2.3 水塔的外观和内在质量宜符合下列要求：

1 钢筋混凝土筒壁和支架仅有少量微小裂缝，钢筋无露筋和锈蚀。

2 砖筒壁和砖支柱无裂缝、松动和酥减。

3　基础无严重倾斜：水塔高度不超过 20 m 时，倾斜率不应超过 0.8%；水塔高度为 20 m～45 m 时，倾斜率不应超过 0.6%。

（Ⅱ）A 类水塔抗震鉴定

12.2.4　A 类水塔的抗震构造应符合下列规定：

1　水塔构件材料实际达到的强度等级应符合下列要求：

1） 水柜、支架的混凝土强度等级不应低于 C18，筒壁、基础、平台等的混凝土强度等级不应低于 C13。

2） 砖砌体砌筑砂浆的强度等级不应低于 M5，砖的强度等级不应低于 MU7.5。

2　砖支柱不应少于 4 根，每隔 3 m～4 m 应有钢筋混凝土连系梁一道。

3　支架（支柱）水塔的基础宜为整体基础或环状基础；独立基础应有基础系梁相互连接。

12.2.5　A 类水塔抗震鉴定时，抗震承载力验算应符合下列规定：

1　7 度时，外观和内在质量良好且符合抗震构造要求的下列水塔及其部件，可不进行抗震承载力验算：

1） 每 4 m～5 m 有钢筋混凝土圈梁并配有纵向钢筋或有构造柱的砖筒壁水塔。

2） 钢筋混凝土支架式水塔。

3） 水柜直径与筒壁直径比值不超过 1.5 的钢筋混凝土筒壁式水塔。

4） 水塔的水柜。

2　对不符合本条第 1 款规定的水塔，可按本标准第 12.2.10条规定的方法进行抗震承载力验算。

（Ⅲ）B 类水塔抗震鉴定

12.2.6　B类钢筋混凝土筒支承水塔的构造应符合下列构造要求：

1　筒壁的竖向钢筋不应小于Φ12，间距不应大于 200 mm，搭接长度不应小于40倍钢筋直径。

2 筒下部的门洞，宜有钢筋混凝土门框。

3 筒的窗洞和孔洞周围，应有不少于2Φ12的加强钢筋。

12.2.7 B类钢筋混凝土支架水塔的构造应符合下列要求：

1 支架的横梁应有较大刚度，梁内箍筋的搭接长度不应小于40倍钢筋直径，箍筋间距不应大于200 mm，且梁端在1倍梁高范围内的箍筋间距不应大于100 mm。

2 水柜以下和基础以上各800 mm的范围内，以及梁柱节点上下各1倍柱宽并不小于1/6柱净高的范围内，柱的箍筋间距不应大于100 mm，箍筋直径不宜小于φ8。

3 水柜下环梁和横梁的梁端应加腋；8度时，高度超过20 m的水塔，沿支架高度每隔10 m左右宜有钢筋混凝土水平交叉支撑一道，支撑截面不宜小于支架柱的截面。

12.2.8 B类砖筒支承水塔的构造应符合下列要求：

1 砖筒支承水塔的砖筒壁配筋应按计算确定，其实际配筋范围和配筋量应符合表12.2.8的要求。

表 12.2.8 B类砖筒壁配筋范围和最小配筋

烈度	6度	7，8度
配筋高度	底部到0.6塔身高度	全高
砌体内竖向配筋	φ10@500～700，且不少于6根	φ10@500～700，且不少于6根
竖槽配筋	每槽1Φ12，间距1 m，并不少于6道	每槽1Φ14，间距1 m，并不少于6道
环向配筋	φ8@360	φ8@250

2 砖筒壁内钢筋的搭接与锚固应符合本标准第12.1.4条的规定。

3 7度时，砖筒壁宜有不少于4根构造柱，构造柱截面不宜小于240 mm×240 mm，其他构造应符合本标准第5.3.4条第3款的规定。

4 沿筒身高度每隔 4 m 左右宜有圈梁一道，其截面高度不宜小于 180 mm，宽度不宜小于筒壁厚度的 2/3 且不宜小于 240 mm，纵向钢筋不应少于 4Φ12，箍筋间距不应大于 250 mm。

5 砖筒下部的门洞上下应各有钢筋混凝土圈梁一道，门洞两侧宜设钢筋混凝土门框或砖门框；其他洞口上下应各配 3ϕ8 钢筋，且两端伸入筒壁不应小于 1 m。

12.2.9 B 类水塔的下列构件符合本节构造要求时，可评为满足抗震鉴定要求不进行截面抗震验算。其他情况，应按本标准 12.2.10 条规定进行下列抗震验算：

1 水塔的水柜，但不包括超过 7 度时支架式水塔水柜的下环梁。

2 钢筋混凝土筒支承水塔的筒壁。

12.2.10 B 类水塔的抗震分析应符合下列规定：

1 水塔的截面抗震验算应考虑满载和空载两种情况；支架式水塔和平面为多角形的水塔，应分别按正向和对角线方向进行验算；较高水塔的竖向地震作用，可按现行上海市工程建设规范《建筑抗震设计标准》DGJ 08—9 的有关规定计算。

2 水塔的水平抗震计算，可采用下列方法：

1）支架水塔和类似的其他水塔，相应于水平地震作用标准值产生的底部地震弯矩可按下式确定：

$$M_0 = \alpha_1 (G_i + \varphi_m G_{ts}) H_0 \tag{12.2.10}$$

式中：M_0——水塔底部地震作用标准值产生的弯矩；

α_1——相应于水塔基本自振周期的水平地震影响系数，按现行上海市工程建设规范《建筑抗震设计标准》DGJ 08—9 规定取值；

G_i——水柜的重力荷载代表值，按现行上海市工程建设规范《建筑抗震设计标准》DGJ 08—9 规定取值；

φ_m——弯矩等效系数，等刚度支承结构可采用 0.35，变刚度支承结构可适当减小，但不应小于 0.25；

G_{ts}——水塔支承结构和附属平台等的重力荷载代表值；

H_0——基础顶面至水柜重心的高度。

2）较低的筒支承水塔可采用底部剪力法。

3）较高的砖筒支承水塔或筒高度与直径之比大于 3.5 时，可采用振型分解反应谱法。

13 优秀历史建筑鉴定

13.1 一般规定

13.1.1 本章所称优秀历史建筑，是指经上海市人民政府确认颁布的保护性建筑。

13.1.2 凡涉及优秀历史建筑的改建、扩建、迁移、改变使用功能或变更平面布置等，以及其他原因对结构受力体系有影响时，均应进行房屋结构抗震鉴定。

13.1.3 优秀历史建筑的抗震鉴定，除应遵守本章规定外，还应符合现行国家和上海市有关标准规范的规定。当勘查过程涉及文物时，应遵守文物保护的有关法规规定。

13.1.4 对优秀历史建筑抗震鉴定时，可根据鉴定对象的特点采用性能化的方法鉴定；如无特殊要求，也可采用本标准各章规定的A类建筑抗震鉴定方法鉴定。

13.1.5 在优秀历史建筑抗震鉴定时，应对现状进行认真勘查，包括但不限于以下内容：

1 建筑和结构平面布置，结构或构件连接的实际状况。

2 结构整体变形情况。

3 结构材料强度和材质状况。

4 承重构件的受力和变形状况。

5 主要节点工作状况。

6 历次维修加固措施的现存内容及目前的工作状态。

7 重要的装饰物分布和状况。

13.1.6 优秀历史建筑的外观和内在质量应符合下列要求：

1 基础无明显不均匀沉降，主体结构无明显变形、倾斜或歪扭，外装修保护状况良好。

2 主要构件、节点无明显结构性开裂、酥碎或腐朽。

3 附属构件无明显变形、开裂，与主体结构构件连接合理。

4 内装修未明显增加楼面荷载或改变结构受力状态。

13.1.7 优秀历史建筑抗震鉴定应根据其结构类型，按本标准有关规定执行。鉴定时，应按其结构体系、结构构件承载能力和节点实际构造情况等，对整幢房屋进行抗震措施鉴定，对房屋整体抗震承载力进行验算，通过以上综合分析对整幢房屋的抗震能力进行鉴定。

13.2 抗震措施鉴定

13.2.1 优秀历史建筑的抗震鉴定，除应符合本标准其他各相关章节的规定外，尚应符合下列规定：

1 若结构体系清晰明了，应重点对薄弱楼层、薄弱部位进行鉴定。

2 结构体系复杂或经多次改建后难以区分结构类型时，应重点对不同结构体系、不同材料或新旧结构间的连接部位进行鉴定。

13.2.2 构件实际达到的承载能力，应符合本标准相应的规定。在不满足规定或构件截面尺寸、形状不合理时，应采取替换、加固等措施。

13.2.3 结构整体性的要求，应符合本标准相应的规定。在不满足时，应采取相应措施。

13.2.4 非结构构件应符合本标准相应的规定。沉重的装饰物等易倒塌、坠落的部位，应有可靠的连接，在地震时不应坠落伤人。

13.2.5 承受地震作用的主要构件的构造要求，应符合本标准相应的规定。

13.2.6 当满足以上规定时，还应考虑下列因素，不利时应适当提高抗震鉴定要求：

1 建筑所处场地属中度及以上液化区的。

2 建筑构件常年处于潮湿状态，有明显的变形、腐朽的。

3 建筑有明显火灾等次生灾害隐患的。

13.3 抗震承载力验算

13.3.1 对优秀历史建筑进行抗震承载力验算时，如无特殊要求，应根据其结构类型，按本标准A类建筑相应的规定进行。

13.3.2 计算时，荷载选取按建筑实际使用状况确定，也可按现行国家标准《建筑结构荷载规范》GB 50009中的规定取值。

13.3.3 当结构体系复杂、难以评定构件的抗震能力时，宜通过整体结构抗震分析来评定。

13.3.4 对优秀历史建筑进行综合评定时，尚应考虑周围环境和次生灾害等情况。有影响时，可提高抗震鉴定要求，甚至采取相应的保护或加固措施。

13.3.5 抗震措施和抗震承载力不满足要求或结构存在明显薄弱环节时，应采取加固或其他相应的减灾措施。

14 改建、扩建和加层建筑鉴定

14.0.1 对现有建筑进行加层、插层或扩建时，必须按加层、插层或扩建后的结构状态建立计算模型，并按现行上海市工程建设规范《建筑抗震设计标准》DGJ 08—9 的要求进行抗震鉴定和抗震设计。加层、插层或扩建面积不超过原房屋总建筑面积的 5%且单层新增面积不超过原房屋典型楼层面积的 10%时，可按本标准第 14.0.2 条的方法进行抗震鉴定和抗震设计。

14.0.2 对现有建筑进行改建时，应按改建后的结构状态建立计算模型，并按本标准第 1.0.4 条和第 1.0.5 条的要求进行抗震鉴定，但新增结构构件应满足现行上海市工程建设规范《建筑抗震设计标准》DGJ 08—9 的抗震措施要求。若改建仅涉及原有结构局部区域的个别非抗侧力构件，并确保原结构整体抗震能力不被削弱，可不要求进行专门的抗震鉴定，但应进行整体结构和局部结构的安全性分析。

14.0.3 未经抗震设计的现有建筑不宜进行加层或插层改造。如确需加层或插层时，必须按现行上海市工程建设规范《建筑抗震设计标准》DGJ 08—9 的要求进行抗震鉴定和设计。

14.0.4 对加层或插层建筑应进行整体抗震计算，计算时应将原建筑与加层、插层部分一并考虑，其承载力验算和抗震措施应满足现行上海市工程建设规范《建筑抗震设计标准》DGJ 08—9 的规定，不满足要求的结构应进行抗震加固。

14.0.5 加层、插层、扩建或改建时，应采取合理措施确保新老结构的连接可靠及改造后的结构整体性，且连接节点的计算假定应与实际边界条件相符。

14.0.6 进行抗震承载力验算时，材料标准强度应取用实测材料强度，构件截面尺寸以实测为准，荷载应根据使用要求，按现行国家标准《建筑结构荷载规范》GB 50009 的规定取值。

14.0.7 改建、扩建、加层和插层建筑经验算后确定原有建筑需进行加固时，应先对原有建筑进行加固施工后才可进行改建、扩建或加层施工。

15　地基和基础加固

15.1　一般规定

15.1.1　本章适用于按本标准第 4 章抗震鉴定后确认需要进行加固的地基和基础。

15.1.2　当建筑物的地基或基础经鉴定属于严重静载缺陷时，应采取措施解决地基或基础的严重静载缺陷问题。

15.1.3　抗震加固时，天然地基承载力可计入长期压密的影响，并按本标准第 4 章第 4.4.2 条规定的方法进行验算。其中，基底反力设计值应按加固后的情况计算。

15.1.4　当地基为严重液化时，对液化敏感的乙类和丙类建筑，应采取消除地基液化和加固上部结构的措施；当地基为中等和轻微液化时，可采取增强基础和上部建筑的整体性、合理调整荷载、减小偏心等措施。

15.1.5　当对钢筋混凝土的独立基础、条形基础、筏板基础和桩基等进行加固计算时，其荷载效应、构件尺寸和材料强度的确定，可按下列原则确定：

1　作用效应组合、组合值系数和荷载分项系数按现行国家标准《建筑结构荷载规范》GB 50009 取用。

2　原结构、构件的尺寸，原则上应采用实测值。当实际操作有困难时，可参考原设计图纸。但当现场核对尺寸有较大偏差时，须进一步量测确定。

3　原结构的材料强度应采用实测值。

4　验算基础承载力时，应考虑原基础结构加固时的实际受力情况，包括施工过程的工况变化、新结构的应变滞后以及加固部分与原结构共同工作程度。

5 因进行房屋上部结构和基础的加固使得作用在地基上的静载有较大幅度增加时，应验算地基的最终沉降量。

15.2 地基基础的加固措施

15.2.1 当地基竖向承载力不满足要求时，可作下列处理：

1 当基础底面压力设计值超过地基承载力设计值并在 10% 以内时，可通过加强上部结构以提高抵抗不均匀沉降能力的措施。

2 当基础底面压力设计值超过地基承载力设计值 10%及以上，或建筑已出现不容许的沉降和裂缝时，可采取加大基础底面积、加固地基或减少荷载的措施。

3 当加大基础底面积时，可根据基础中心受压或偏心受压的不同情况，采用对称或不对称加宽基础。当原有基础为刚性基础，采用混凝土套加宽时，加固后的基础应满足刚性基础宽高比的要求；当原有基础为钢筋混凝土基础，采用钢筋混凝土套加宽时，应参照钢筋混凝土迭合构件的设计方法进行设计计算，且必须保证新老混凝土结合面的粘结牢靠，确保二者共同工作。

4 当不宜采用混凝土或钢筋混凝土套加大基础底面积时，可将原独立基础改成条形基础，将原条形基础改成十字交叉条形基础或筏形基础，将原筏形基础改成箱形基础。

5 当需地基加固时，可采用锚杆静压桩、树根桩、增设钢筋混凝土托梁抬墙梁或注浆加固及以上方法的组合加固等适合于上海地区既有建筑物地基加固的方法。

6 对条形基础加宽时，应按长度 1.5 m～2.0 m 划分成单独区段，分批、分段、间隔进行施工。不应沿基础全长开挖连续的坑槽或使坑槽内地基土暴露过久，而引起基础新的不均匀沉降。

15.2.2 当地基或桩基的水平承载力不满足要求时，可作下列处理：

1 基础旁无刚性地坪时，可增设刚性地坪。

2 可增设基础梁，将水平荷载分散到相邻的基础上。

15.2.3 消除或减轻地基液化的措施一般有桩基托换、注浆加固和覆盖法等，应分别满足以下规定：

1 桩基托换：设置锚杆静压桩、树根桩等，将基础荷载通过桩传到非液化土上。桩端（不包括桩尖）伸入非液化土中的长度应按计算确定，且不宜小于 0.5 m。

2 注浆加固：在基础底面以下一定深度范围内注水泥浆、水玻璃等浆液，使液化地基改变为非液化地基。

3 覆盖法：将建筑的地坪和外侧排水坡改为钢筋混凝土整体地坪。地坪应与基础或墙体锚固，地坪下应设厚度为 300 mm 的砂砾或碎石排水层，室外地坪宽度宜为 4 m～5 m。

15.2.4 当基础结构本身需要加固时，可按以下原则进行：

1 当仅仅为基础表面疏松、剥落和露筋等表面损伤，可采用凿去表面疏松混凝土，再新浇混凝土保护层以保护钢筋不再锈蚀。

2 当基础已发生结构性损坏，应根据损坏原因和具体情况采用加钢筋混凝土围套法、预应力加固法等钢筋混凝土常规的加固方法；也可采用桩基托换等方法，通过改变荷载的传力路线，改善原基础的受力状况。

16 砌体结构加固

16.1 一般规定

16.1.1 本章适用于砖墙体和砌块墙体承重的多层房屋，其适用的最大高度和层数应符合本标准第 5.2.1 及第 5.3.1 条的有关规定。

16.1.2 砌体房屋的抗震加固应符合下列要求：

1 当现有多层砌体房屋的整体性构造措施明显不足，无圈梁和构造柱，涉及结构整体性的部位无拉结、锚固和必要的支撑，或以上构造措施设置的数量不足，或设置不当的，应予以补足或加以改造加固。

2 同一楼层中，自承重墙体加固后的抗震能力不应超过承重墙体加固后的抗震能力。

3 对非刚性结构体系的房屋，应选用有利于消除不利因素的抗震加固方案；当采用加固柱或墙垛，增设支撑或支架等保持非刚性结构体系的加固措施时，应控制层间位移和提高其变形能力。

4 当选用区段加固的方案时，应对楼梯间的墙体采取加强措施。

16.1.3 当现有多层砌体房屋的高度和层数超过规定限值时，应采取下列抗震对策：

1 当现有多层砌体房屋的总高度超过规定而层数不超过规定的限值时，应采取高于一般房屋的承载力且加强墙体约束的有效措施。

2 当现有多层砌体房屋的层数超过规定限值时，应改变结构体系或减少层数；乙类设防的房屋，也可改变用途按丙类设防使用，并符合丙类设防的层数限值；当采用改变结构体系的方案时，应在两个方向增设一定数量的钢筋混凝土墙体，新增的混凝土墙应计入竖向压应力滞后的影响并宜承担结构的全部地震作用。

3 当丙类设防且横墙较少的房屋超出规定限值 1 层和 3 m 以内时，应提高墙体承载力且新增构造柱、圈梁等应达到现行上海市工程建设规范《建筑抗震设计标准》DGJ 08—9 对横墙较少房屋不减少层数和高度的相关要求。

16.1.4 墙体加固后，按现行上海市工程建设规范《建筑抗震设计标准》DGJ 08—9 的规定只选择从属面积较大或竖向应力较小的墙段进行抗震承载力验算时，截面抗震受剪承载力可按下列公式验算：

不计入构造影响时 $$V \leqslant \eta V_{R0} \quad (16.1.4\text{-}1)$$

计入构造影响时 $$V \leqslant \eta \psi_1 \psi_2 V_{R0} \quad (16.1.4\text{-}2)$$

式中：V ——墙段的剪力设计值；

η ——墙段的加固增强系数，可按本标准第 16.3 节的规定确定；

V_{R0} ——墙段原有的受剪承载力设计值，可按现行上海市工程建设规范《建筑抗震设计标准》DGJ 08—9 对砌体墙的有关规定计算，但其中的材料性能设计指标、承载力抗震调整系数，应按本标准第 3.2.6 条的规定采用。

16.2 加固方法

16.2.1 房屋抗震承载力不满足要求时，宜选择下列加固方法：

1 面层加固:在墙体的一侧或两侧采用钢筋网水泥砂浆面层、钢绞线网-聚合物砂浆面层或钢筋混凝土面层加固。

2 增设抗震墙加固:对块材严重风化(酥碱)或局部强度过低的原墙体可拆除重砌;重砌和增设抗震墙的结构材料宜采用与原结构相同的砖或砌块,也可采用现浇钢筋混凝土。

3 外加构造柱加固:在墙体交接处增设现浇钢筋混凝土构造柱加固。外加柱应与圈梁、拉杆连成整体,或与现浇钢筋混凝土楼、屋盖可靠连接。

4 修补和灌浆加固:对已开裂的墙体,可采用压力灌浆修补;对砌筑砂浆饱满度差且砌筑砂浆强度等级偏低的墙体,可用满墙灌浆加固。

修补后墙体的刚度和抗震能力,可按原砌筑砂浆强度等级计算;满墙灌浆加固后的墙体,可按原砌筑砂浆强度等级提高一级计算。

5 支撑或支架加固:对刚度差的房屋,可增设型钢或钢筋混凝土支撑或支架加固。

6 增设扶壁柱加固:整体稳定性较差的砌体结构,可使用钢筋混凝土扶壁柱加固;若加固量不大,也可考虑使用砌体扶壁柱加固。

16.2.2 房屋的整体性不满足要求时,应选择下列加固方法:

1 当墙体布置在平面内不闭合时,可增设墙段或在开口处增设现浇钢筋混凝土框形成闭合。

2 当纵横墙连接较差时,可采用钢拉杆、长锚杆、外加柱或外加圈梁等加固。

3 楼、屋盖构件支承长度不满足要求时,可增设托梁、钢托架或采取增强楼、屋盖整体性等的措施;对腐蚀变质的构件应更换;对无下弦的人字屋架应增设下弦拉杆。

4 当构造柱或芯柱设置不符合鉴定要求时,应增设外加柱;当墙体采用双面钢筋网砂浆面层或钢筋混凝土面层加固,且在墙体交接处增设相互可靠拉结的配筋加强带时,可不另设构造柱。

5　当圈梁设置不符合鉴定要求时，应增设圈梁；外墙圈梁宜采用现浇钢筋混凝土，内墙圈梁可用钢拉杆或在进深梁端加锚杆代替；当采用双面钢筋网砂浆面层或钢筋混凝土面层加固且在上、下两端增设配筋加强带时，可不另设圈梁。

6　当预制楼、屋盖不满足抗震鉴定要求时，可增设钢筋混凝土现浇层或增设托梁加固楼、屋盖。

16.2.3　对房屋中易倒塌的部位，宜选择下列加固方法：

1　窗间墙宽度过小或抗震能力不满足要求时，可增设钢筋混凝土窗框或采用外加钢筋网砂浆面层、钢筋混凝土面层等加固。

2　支承大梁等的墙段抗震能力不满足要求时，可增设砌体柱、组合柱、钢筋混凝土柱或采用钢筋网砂浆面层、外加钢筋混凝土面层加固。

3　支承悬挑构件的墙体不符合鉴定要求时，宜在悬挑构件端部增设钢筋混凝土柱或砌体组合柱加固，并对悬挑构件进行复核。悬挑构件的锚固长度不满足要求时，可加拉杆或采取减少悬挑长度的措施。

4　隔墙无拉结或拉结不牢，可采用镶边、埋设钢夹套、锚筋或钢拉杆加固；当隔墙过长、过高时，可采用钢筋网砂浆面层进行加固。

5　出屋面的楼梯间、电梯间和水箱间不符合鉴定要求时，可采用面层或外加柱加固，其上部应与屋盖构件有可靠连接，下部应与主体结构的加固措施相连。

6　出屋面的烟囱、无拉结女儿墙、门脸等超过规定的高度时，宜拆除、降低高度或采用型钢、钢拉杆加固。

16.2.4　当具有明显扭转效应的多层砌体房屋抗震能力不满足要求时，可优先在薄弱部位增砌砖墙或现浇钢筋混凝土墙，或在原墙加面层；也可采取分割平面单元以减少扭转效应的措施。

16.2.5　现有的空斗墙房屋和普通黏土砖砌筑的墙厚不大于

180 mm 的房屋需要继续使用时，应采用双面钢筋网砂浆面层或外加钢筋混凝土面层加固。

16.2.6 当墙体因地震、不均匀沉降或温度变形产生裂缝，从而使墙体抗震强度不满足要求时，可在裂缝开展稳定后，采取勾缝补强等方法进行加固。

16.3 加固设计及施工

（Ⅰ）外加钢筋网水泥砂浆面层加固

16.3.1 采用外加钢筋网水泥砂浆面层加固墙体时，应符合下列要求：

1 钢筋网应采用呈梅花状布置的锚筋、穿墙筋固定于墙体上；钢筋网四周应采用锚筋、插入短筋或拉结筋等与楼板、大梁、柱或墙体可靠连接；钢筋网外保护层厚度不应小于 10 mm，钢筋网片与墙面的空隙不应小于 5 mm。

2 面层加固采用现行上海市工程建设规范《建筑抗震设计标准》DGJ 08—9 验算并考虑抗震措施影响时，有关构件支承长度的影响系数应作相应改变，有关墙体局部尺寸的影响系数应取 1.0。

16.3.2 采用外加钢筋网水泥砂浆面层加固墙体的设计尚应符合下列规定：

1 原砌体实际的砌筑砂浆强度等级不宜高于 M2.5。

2 面层的材料和构造符合下列要求：

1）面层的砂浆强度等级，不应低于 M10。

2）室内干燥环境墙体钢筋网砂浆面层的厚度宜为 30 mm～40 mm；室外或潮湿环境墙体钢筋网砂浆面层的厚度宜为 45 mm～50 mm。

3）钢筋网的钢筋直径宜为 4 mm 或 6 mm；网格尺寸，实心墙宜为 300 mm×300 mm，空斗墙宜为 200 mm×200 mm。

4）双面加面层的钢筋网应采用ϕ6 的 S形穿墙筋固定[图 16.3.2-1(a)]，穿墙筋的间距宜为 900 mm；单面加面层的钢筋网应采用ϕ6 的 L 形锚筋固定[图 16.3.2-1(b)]，锚筋的间距宜为 600 mm，锚固长度宜不小于 180 mm。

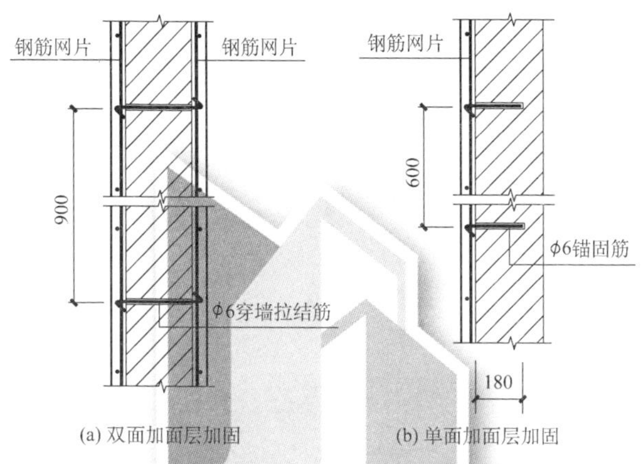

(a) 双面加面层加固　　(b) 单面加面层加固

图 16.3.2-1　穿墙筋和锚筋示例

5）钢筋网的横向和竖向钢筋遇门窗洞时，双面加固宜将两侧钢筋在洞口处闭合[图 16.3.2-2(a)或(b)]，单面加固宜将钢筋弯入洞口侧边锚固[图 16.3.2-2(c)]。

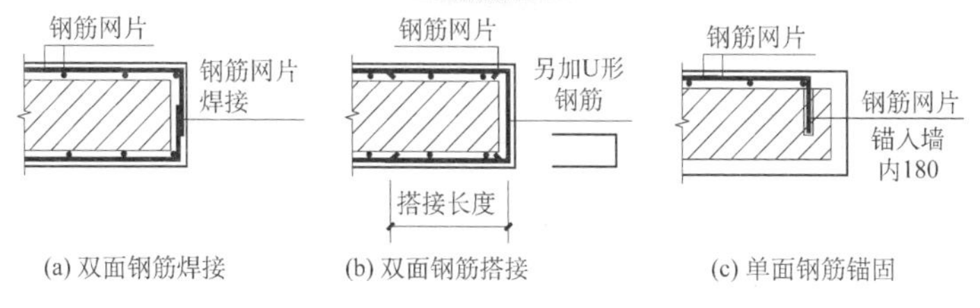

(a) 双面钢筋焊接　　(b) 双面钢筋搭接　　(c) 单面钢筋锚固

图 16.3.2-2　门窗洞口处钢筋锚固示例

6）墙体交接处宜按图 16.3.2-3(a)或图 16.3.2-3(b)的方法增设配筋加强带，加强带纵向钢筋应焊接连接。

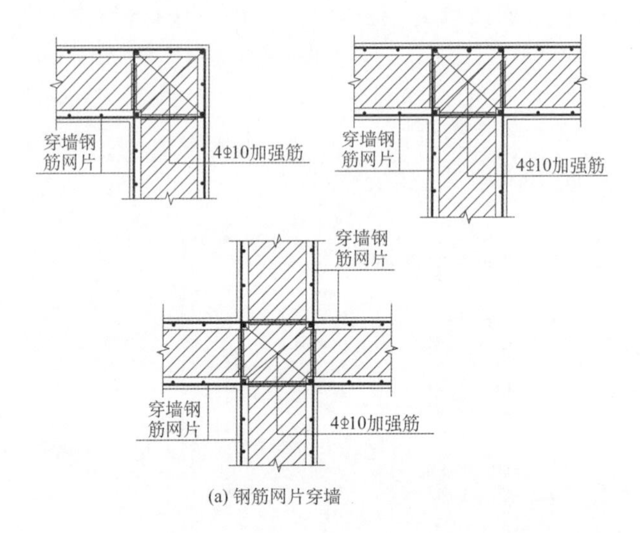

(a) 钢筋网片穿墙

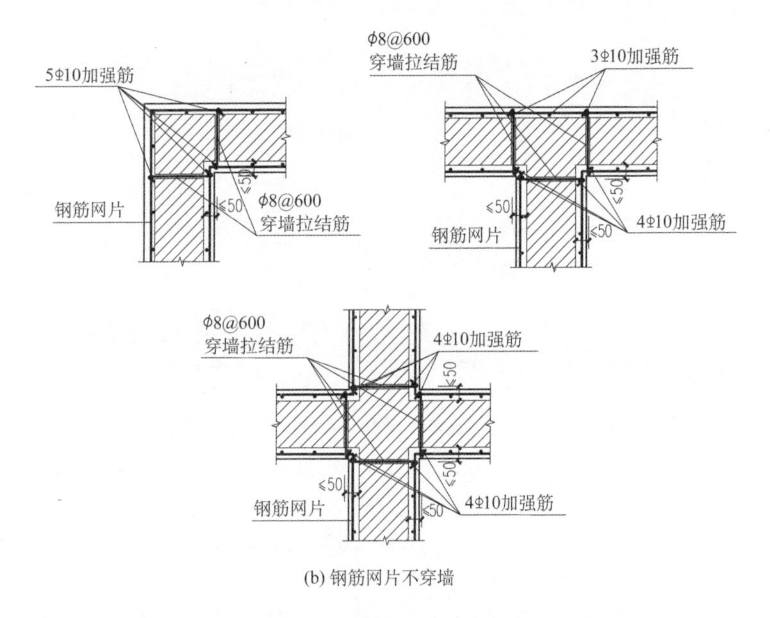

(b) 钢筋网片不穿墙

图 16.3.2-3　墙体交接处增设配筋加强带加固示例

7）楼、屋面下方宜按图 16.3.2-4 的方法增设配筋加强带，加强带纵向钢筋应焊接连接。

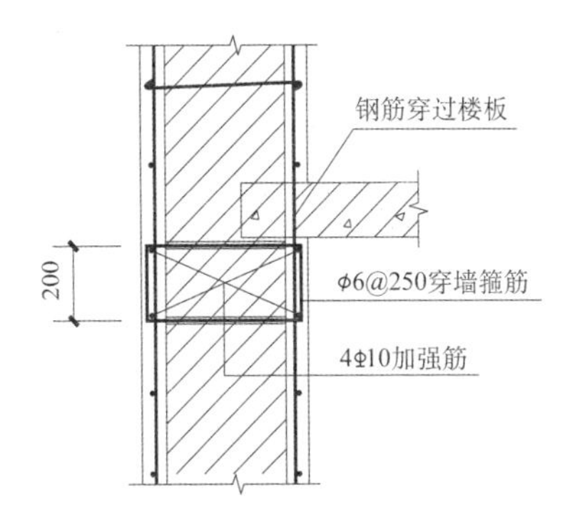

图 16.3.2-4　增设圈梁配筋加强带示例

8）钢筋网的竖向钢筋遇楼板时，要求穿过楼板，也可按图 16.3.2-5的方法穿楼板。

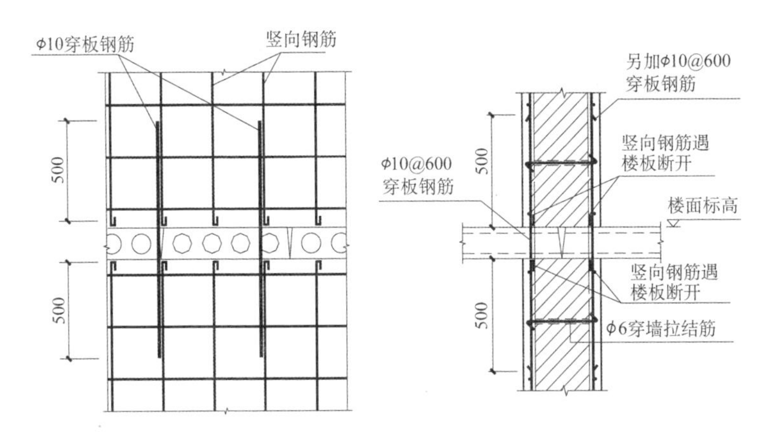

图 16.3.2-5　遇楼板处钢筋构造示例

9）面层加固的顶端处，竖向钢筋宜按图 16.3.2-6(a)或图 16.3.2-6(b)的方法锚固。

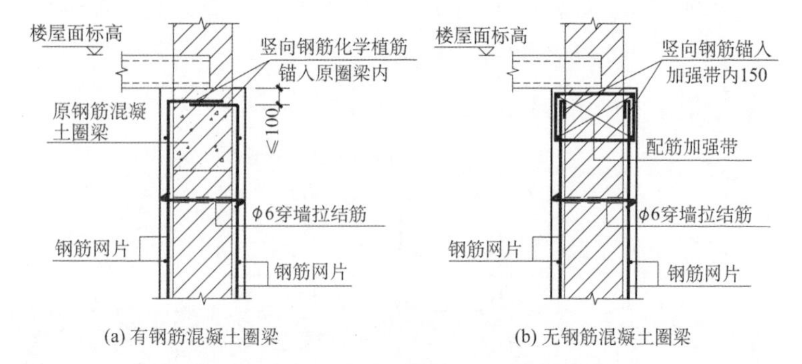

图 16.3.2-6　面层加固顶端处钢筋锚固示例

10）底层的面层应深入室外地面下不小于 500 mm，并宜按图 16.3.2-7(a)或图 16.3.2-7(b)的方法进行锚固。

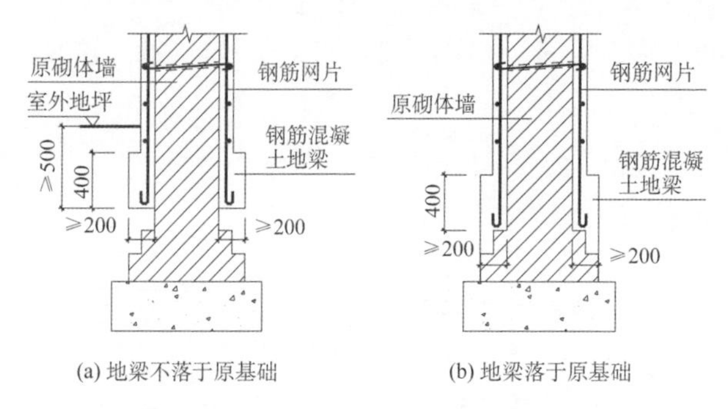

图 16.3.2-7　面层加固底部锚固示例

3　面层加固后，楼层抗震能力的增强系数可按下列公式计算：

$$\eta_{\mathrm{P}i}=1+\frac{\sum_{j=1}^{n}(\eta_{\mathrm{P}ji}-1)A_{ij0}}{A_{i0}} \qquad (16.3.2\text{-}1)$$

$$\eta_{\mathrm{P}ij}=\frac{240}{t_{\mathrm{w0}}}\left[\eta_0+0.075\left(\frac{t_{\mathrm{w0}}}{240}-1\right)\Big/f_{\mathrm{vE}}\right] \qquad (16.3.2\text{-}2)$$

式中：η_{Pi}—— 面层加固后第 i 楼层抗震能力的增强系数；

η_{Pij}—— 第 i 楼层第 j 墙段面层加固的增强系数；

η_0 ——基准增强系数，砖墙体可按表 16.3.2-1 采用，空斗墙体应双面加固，可取表中数值的 1.3 倍；

A_{i0}—— 第 i 楼层中验算方向原有抗震墙在 1/2 层高处净截面的面积；

A_{ij0}—— 第 i 楼层中验算方向面层加固的抗震墙 j 墙段的在 1/2 层高处净截面的面积；

n—— 第 i 楼层中验算方向上的面层加固抗震墙的道数；

t_{w0} ——原墙体厚度(mm)；

f_{vE} ——原墙体的抗震抗剪强度设计值(MPa)。

表 16.3.2-1　面层加固的基准增强系数

面层厚度(mm)	面层砂浆强度等级	钢筋网规格(mm)		单面加固			双面加固		
				原墙体砂浆强度等级					
		直径	间距	M0.4	M1	M2.5	M0.4	M1	M2.5
30	M10	6	300	2.06	1.35	—	2.97	2.05	1.52
40		6	300	2.16	1.51	1.16	3.12	2.15	1.65

4　加固后砖墙体刚度的提高系数应按下列公式计算：

实心墙单面加固　$$\eta_k = \frac{240}{t_{w0}}\eta_{k0} - 0.75\left(\frac{240}{t_{w0}} - 1\right) \tag{16.3.2-3}$$

实心墙双面加固　$$\eta_k = \frac{240}{t_{w0}}\eta_{k0} - \left(\frac{240}{t_{w0}} - 1\right) \tag{16.3.2-4}$$

空斗墙双面加固　$$\eta_k = 1.67(\eta_{k0} - 0.4) \tag{16.3.2-5}$$

式中：η_k ——加固后墙体的刚度提高系数；

η_{k0} ——刚度的基准提高系数，可按表 16.3.2-2 采用。

表 16.3.2-2 面层加固时墙体刚度的基准提高系数

面层厚度（mm）	面层砂浆强度等级	单面加固			双面加固		
		原墙体砂浆强度等级					
		M0.4	M1	M2.5	M0.4	M1	M2.5
30	M10	1.71	1.30	—	3.57	2.47	2.06
40	M10	2.03	1.49	1.29	4.43	2.96	2.41

16.3.3 面层加固的施工应符合下列要求：

1 面层宜按下列顺序施工：原有墙面清底、钻孔并用水冲刷，孔内干燥后安设锚筋并铺设钢筋网，浇水湿润墙面，抹水泥砂浆并养护，墙面装饰。

2 原墙面碱蚀严重时，应先清除松散部分并用 1∶3 水泥砂浆抹面，已松动的勾缝砂浆应剔除。

3 在墙面钻孔时，应按设计要求先画线标出锚筋（或穿墙筋）位置，并应采用电钻在砖缝处打孔，穿墙孔直径宜比 S 形筋大 2 mm，锚筋孔直径宜采用锚筋直径的 1.5 倍～2.5 倍，锚筋插入孔洞后可采用水泥基灌浆料或普通水泥砂浆等填实。

4 铺设钢筋网时，竖向钢筋应靠墙面并采用钢筋头支起。

5 抹水泥砂浆时，应先在墙面刷水泥浆一道再分层抹灰，且每层厚度不应超过 15 mm。

6 面层应浇水养护，防止阳光曝晒，冬季应采取防冻措施。

（Ⅱ）外加钢绞线网-聚合物砂浆面层加固

16.3.4 外加钢绞线网-聚合物砂浆面层加固砌体墙的材料性能应符合下列要求：

1 钢绞线网片应符合下列要求：

1）钢绞线应采用 6×7＋1WS 金属股芯钢绞线，单根钢绞线的公称直径应在 2.5 mm～4.5 mm 范围内；应采用硫、磷含量均不大于 0.03％的优质碳素结构钢制丝；镀锌钢绞线的锌层重量及镀锌质量应符合现行国家标准《钢丝镀锌层》GB/T 15393 对 AB 级的规定。

2）宜采用抗拉强度标准值为 1 650 MPa（直径不大于 4.0 mm）和 1 560 MPa（直径大于 4.0 mm）的钢绞线；相应的抗拉强度设计值取 1 050 MPa（直径不大于 4.0 mm）和 1 000 MPa（直径大于 4.0 mm）。

3）钢绞线网片应无破损、无死折、无散束，卡扣无开口、脱落，主筋和横向筋间距均匀，表面不得涂有油脂、油漆等污物。

2 聚合物砂浆可采用Ⅰ级或Ⅱ级聚合物砂浆，其正拉粘结强度、抗拉强度和抗压强度以及老化检验、毒性检验等应符合现行国家标准《混凝土结构加固设计规范》GB 50367 的有关要求。

16.3.5 外加钢绞线网-聚合物砂浆面层加固砌体墙的设计应符合下列要求：

1 原墙体砌筑的块体实际强度等级不宜低于 MU7.5。

2 聚合物砂浆面层的厚度应大于 25 mm，钢绞线保护层厚度不应小于 15 mm。

3 钢绞线网-聚合物砂浆层可单面或双面设置，钢绞线网应采用专用金属胀栓固定在墙体上，其间距宜为 600 mm，且呈梅花状布置。

4 钢绞线网四周应与楼板或大梁、柱或墙体可靠连接；面层可不设基础，外墙在室外地面下宜加厚并伸入地面下 500 mm。

5 墙体加固后，有关构件支承长度的影响系数应作相应改变，有关墙体局部尺寸的影响系数可取 1.0；楼层抗震能力的增强系数，可按本标准公式（16.3.2-1）采用，其中，面层加固的基准增强系数，对黏土普通砖可按表 16.3.5-1 采用；墙体刚度的基准提高系数，可按表 16.3.5-2 采用。

表 16.3.5-1 钢绞线网-聚合物砂浆面层加固的基准增强系数

面层厚度(mm)	钢绞线网片		单面加固				双面加固			
	直径(mm)	间距(mm)	原墙体砂浆强度等级							
			M0.4	M1.0	M2.5	M5.0	M0.4	M1.0	M2.5	M5.0
25	3.05	80	2.42	1.92	1.65	1.48	3.10	2.17	1.89	1.65
		120	2.25	1.69	1.51	1.35	2.90	1.95	1.72	1.52

表 16.3.5-2 钢绞线网-聚合物砂浆面层加固墙体刚度的基准提高系数

面层厚度(mm)	单面加固				双面加固			
	原墙体砂浆强度等级							
	M0.4	M1.0	M2.5	M5.0	M0.4	M1.0	M2.5	M5.0
25	1.55	1.21	1.15	1.10	3.14	2.23	1.88	1.45

16.3.6 钢绞线网-聚合物砂浆层加固砌体墙的施工应符合下列要求：

1 面层宜按下列顺序施工：原有墙面清理，放线定位，钻孔并用水冲刷，钢绞线网片锚固、绷紧、调整和固定，浇水湿润墙面，进行界面处理，抹聚合物砂浆并养护，墙面装饰。

2 墙面钻孔应位于砖块上，应采用直径 6 mm 钻头，钻孔深度应控制在 40 mm～45 mm。

3 钢绞线网端头应错开锚固，错开距离不小于 50 mm。

4 钢绞线网应双层布置并绷紧安装，竖向钢绞线网布置在内侧，水平钢绞线网布置在外侧，分布钢绞线应贴向墙面，受力钢绞线应背离墙面。

5 聚合物砂浆抹面应在界面处理后随即开始施工，第一遍抹灰厚度以基本覆盖钢绞线网片为宜，后续抹灰应在前次抹灰初凝后进行，后续抹灰的分层厚度控制在 10 mm～15 mm。

6 常温下，聚合物砂浆施工完毕 6 h 内，应采取可靠保湿养护措施；养护时间不少于 7 d；雨期、冬期或遇大风、高温天气时，施工应采取可靠应对措施。

（Ⅲ）外加钢筋混凝土面层加固

16.3.7 采用外加钢筋混凝土面层加固墙体时，应符合下列要求：

1 外加钢筋混凝土面层应采用呈梅花状布置的锚筋、穿墙筋与原有砌体墙连接；其左右应采用拉结筋等与两端的原有墙体可靠连接；底部应有基础；外加钢筋混凝土面层上下应与楼、屋盖可靠连接，至少应每隔 800 mm 设置穿过楼板且与竖向钢筋等面积的短筋，短筋两端应分别锚入上下层的钢筋混凝土面层内，其锚固长度不应小于短筋直径的 40 倍。

2 外加钢筋混凝土面层加固采用现行上海市工程建设规范《建筑抗震设计标准》DGJ 08—9 验算并考虑抗震措施影响时，有关构件支承长度的影响系数应作相应改变，有关墙体局部尺寸的影响系数应取 1.0。

16.3.8 外加钢筋混凝土面层加固墙体的设计尚应符合下列要求：

1 钢筋混凝土面层的材料和构造应符合下列要求：

1）混凝土的强度等级宜采用 C20，钢筋宜采用 HPB300 级或 HRB335 级热轧钢筋。

2）钢筋混凝土面层厚度宜采用 60 mm～100 mm。

3）钢筋混凝土面层可配置单排钢筋网片，竖向钢筋不小于 φ10，横向钢筋不小于 φ8，间距宜为 150 mm～200 mm。

4）钢筋混凝土面层两端与原有墙体的连接，可沿墙高每隔 0.7 m～1.0 m 在两端各设 1 根 Φ12 的拉结钢筋，其一端锚入外加钢筋混凝土面层内的长度不宜小于 500 mm，另一端应锚固在端部的原有墙体内。

5）单面外加钢筋混凝土面层宜采用 φ8 的 L 形锚筋与原砌体墙连接，双面外加钢筋混凝土面层宜采用 φ8 的 S 形穿墙筋与原墙体连接；锚筋在砌体内的锚固深度不应小于 180 mm；锚筋的间距宜为 600 mm，穿墙筋的间距宜为 900 mm。

6）外加钢筋混凝土面层基础埋深宜与原有基础相同。

7）外加钢筋混凝土面层的其他构造方法可参考本标准第 16.3.2 条中的相应方法。

2 外加钢筋混凝土面层加固后，楼层抗震能力的增强系数可按本标准公式(16.3.2-1)计算；其中，外加钢筋混凝土面层加固墙段的增强系数，原有墙体的砌筑砂浆强度等级为 M2.5 和 M5 时可取 2.5，砌筑砂浆强度等级为 M7.5 时可取 2.0，砌筑砂浆强度等级为 M10 时可取 1.8。

3 双面外加钢筋混凝土面层加固且总厚度不小于 140 mm 时，其增强系数可按增设混凝土抗震墙加固法取值。

16.3.9 外加钢筋混凝土面层加固的施工应符合下列要求：

1 外加钢筋混凝土面层加固施工的基本顺序、钻孔注意事项，可按本标准第 16.3.3 条对面层加固的相关规定执行。

2 外加钢筋混凝土面层可支模浇筑或采用喷射混凝土工艺，应采取措施使墙顶与楼板交界处混凝土密实，浇筑后应加强养护。

（Ⅳ）增设抗震墙加固

16.3.10 增设砌体抗震墙加固房屋的设计应符合下列要求：

1 抗震墙的材料和构造应符合下列要求：

1）砌筑砂浆的强度等级应比原墙体实际强度等级高一级，且不应低于 M2.5。

2）墙厚不应小于 190 mm。

3）墙体中宜设置现浇带或钢筋网片加强：可沿墙高每隔 0.7 m～1.0 m 设置与墙等宽、高 60 mm 的细石混凝土现浇带，其纵向钢筋可采用 3ϕ6，横向系筋可采用ϕ6，其间距宜为 200 mm；当墙厚为 240 mm 或 370 mm 时，可沿墙高每隔 300 mm～700 mm 设置一层焊接钢筋网片，网片的纵向钢筋可采用 3ϕ4，横向系筋可采用ϕ4，其间距宜为 150 mm。

4）墙顶应设置与墙等宽的现浇钢筋混凝土压顶梁，并与楼、屋盖的梁（板）可靠连接；可每隔 500 mm～700 mm 设置Φ12 的锚筋或 M12 锚栓连接；压顶梁高不应小于 120 mm，纵筋可采用 4Φ12，箍筋可采用ϕ6，其间距宜为 150 mm。

5）抗震墙应与原有墙体可靠连接：可沿墙体高度每隔 500 mm～600 mm 设置 2ϕ6 且长度不小于 1 m 的钢筋与原有墙体用螺栓或锚筋连接；当墙体内有混凝土带或钢筋网片时，可在相应位置处加设 2Φ12（对钢筋网片为ϕ6）的拉筋，锚入混凝土带内长度不宜小于 500 mm，另一端锚在原墙体或外加柱内，也可在新砌墙与原墙间加现浇钢筋混凝土内柱，柱顶与压顶梁连接，柱与原墙应采用锚筋、销键或螺栓连接。

6）抗震墙应有基础，其埋深宜与相邻抗震墙相同，宽度不应小于计算宽度的 1.15 倍。

2 加固后，横墙间距的体系影响系数应作相应改变；楼层抗震能力的增强系数可按下式计算：

$$\eta_{wi} = 1 + \frac{\sum_{j=1}^{n} \eta_{ij} A_{ij}}{A_{i0}} \tag{16.3.10}$$

式中：η_{wi}——增设抗震墙加固后第 i 楼层抗震能力的增强系数；

A_{ij}——第 i 楼层中验算方向增设的抗震墙第 j 墙段的在 1/2 层高处净截面的面积；

η_{ij}——第 i 楼层第 j 墙段的增强系数；对黏土砖墙，无筋时取 1.0，有混凝土带时取 1.12，有钢筋网片时，240 mm 厚墙取 1.10，370 mm 厚墙取 1.08；

n—— 第 i 楼层中验算方向增设的抗震墙道数。

16.3.11 增设砌体抗震墙施工中，配筋的细石混凝土带可在砌到设计标高时浇筑，当混凝土终凝后方可在其上砌砖。

16.3.12 采用增设现浇钢筋混凝土抗震墙加固砌体房屋时，应符合下列要求：

1 原墙体砌筑的砂浆实际强度等级不宜低于 M2.5，现浇混凝土墙沿平面宜对称布置，沿高度应连续布置，其厚度可为 140 mm～160 mm，混凝土强度等级宜采用 C20；可采用构造配筋；抗震墙应设基础，与原有的砌体墙、柱和梁板均应有可靠连接。

2 加固后，横墙间距的影响系数应作相应改变；楼层抗震能力的增强系数可按本标准公式(16.3.10)计算，其中，增设墙段的厚度可按 240 mm 计算，墙段的增强系数，原墙体砌筑砂浆强度等级不高于 M7.5 时可取 2.8，M10 时可取 2.5。

(Ⅴ) 外加圈梁-钢筋混凝土柱加固

16.3.13 采用外加圈梁-钢筋混凝土柱加固房屋时，应符合下列要求：

1 外加柱应在房屋四角、楼梯间和不规则平面的对应转角处设置，并应根据房屋的设防烈度和层数在内外墙交接处隔开间或每开间设置；外加柱应由底层设起，并应沿房屋全高贯通，不得错位；外加柱应与圈梁(含相应的现浇板等)或钢拉杆连成闭合系统。

2 外加柱应设置基础，并应设置拉结筋、销键、压浆锚杆或锚筋等与原墙体、原基础可靠连接；当基础埋深与外墙原基础埋深不同时，应不浅于 0.5 m。

3 增设的圈梁应与墙体可靠连接；圈梁在楼、屋盖平面内应闭合，在阳台、楼梯间等圈梁标高变换处，圈梁应有局部加强措施；变形缝两侧的圈梁应分别闭合。

4 加固后采用现行上海市工程建设规范《建筑抗震设计标

准》DGJ 08—9 验算并考虑抗震措施影响时，圈梁布置和构造的体系影响系数应取 1.0；墙体连接的整体构造影响系数和相关墙垛局部尺寸的局部影响系数应取 1.0。

16.3.14 外加钢筋混凝土柱的设计尚应符合下列要求：

1 外加柱的布置应符合下列规定：

1） 外加柱宜在平面内对称布置。

2） 采用钢拉杆代替内墙圈梁与外加柱形成闭合系统时，钢拉杆应符合本标准第 16.3.17 条的要求，钢拉杆用量尚不应少于本标准第 16.3.18 条关于增强纵横墙连接的用量规定。

3） 内廊房屋的内廊在外加柱的轴线处无连系梁时，应在内廊两侧的内纵墙加柱，或在内廊楼、屋盖的板下增设与原有的梁板可靠连接的现浇钢筋混凝土梁或钢梁。

4） 当采用外加柱增强墙体的受剪承载力时，替代内墙圈梁的钢拉杆不宜少于 2Φ16。

2 外加柱的材料和构造应符合下列规定：

1） 柱的混凝土强度等级宜采用 C20。

2） 柱截面可采用 240 mm×180 mm 或 300 mm×150 mm；扁柱的截面面积不宜小于 36 000 mm^2，宽度不宜大于 700 mm，厚度可采用 100 mm；外墙转角可采用边长为 600 mm 的 L 形等边角柱，厚度不应小于 120 mm。

3） 纵向钢筋不宜少于 4Φ12，转角处纵向钢筋可采用 12Φ12，并宜双排布置；箍筋可采用 φ6，其间距宜为 150 mm～200 mm，在楼、屋盖上下各 500 mm 范围内的箍筋间距不应大于 100 mm。

4） 外加柱宜在楼层 1/3 和 2/3 层高处同时设置拉结钢筋和销键与墙体连接，亦可沿墙体高度每隔 500 mm 左右设置锚栓、压浆锚杆或锚筋与墙体连接。

5）外加柱的构造形式，可根据具体情况采用图 16.3.14 的方法，并要求纵向钢筋穿过楼板和屋面板，横向钢筋穿过墙体，且均采用焊接连接。

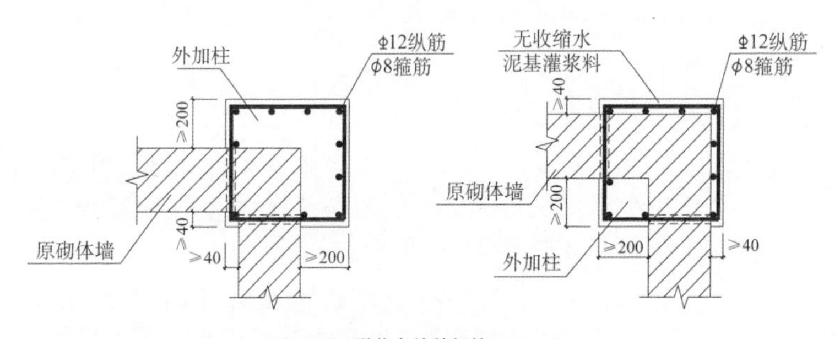

(a) L形节点处外加柱

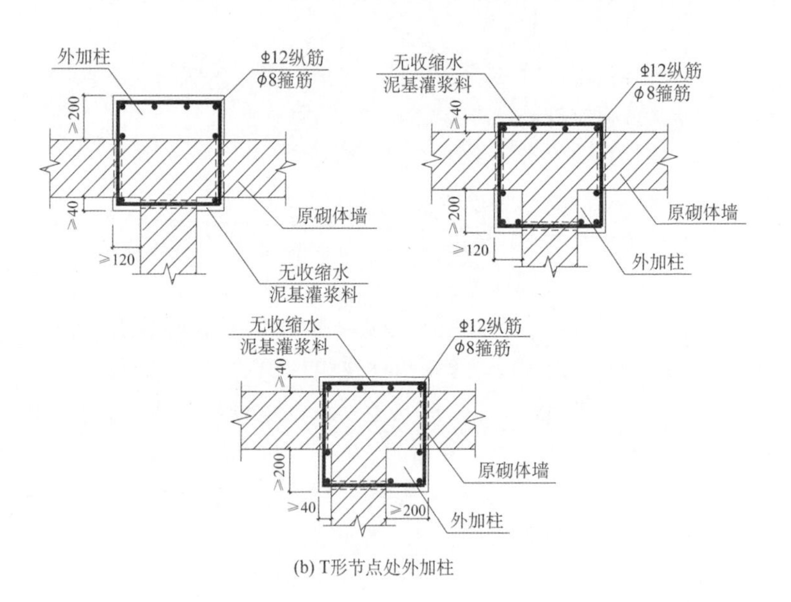

(b) T形节点处外加柱

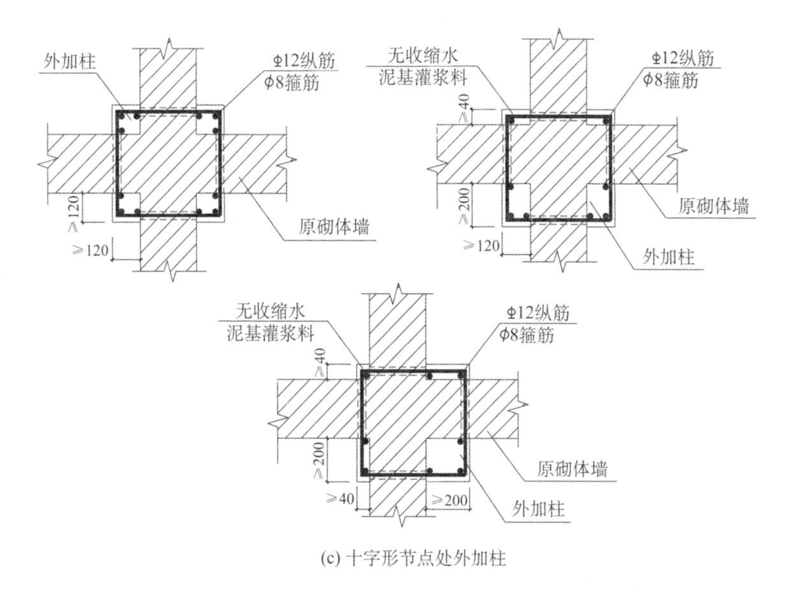

(c) 十字形节点处外加柱

图 16.3.14　外加钢筋混凝土柱布置形式示例

3　外加柱加固后，当抗震鉴定需要有构造柱时，与构造柱有关的体系影响系数可取 1.0；当抗震鉴定无构造柱设置要求时，楼层抗震能力的增强系数应按下式计算：

$$\eta_{ci}=1+\frac{\sum_{j=1}^{n}(\eta_{cij}-1)A_{ji0}}{A_{i0}} \tag{16.3.14}$$

式中：η_{ci}—— 外加柱加固后第 i 楼层抗震能力的增强系数。

η_{cij}—— 第 i 楼层第 j 墙段外加柱加固的增强系数；对黏土砖墙可按表 16.3.14 采用。

n—— 第 i 楼层中验算方向有外加柱的抗震墙道数。

表 16.3.14 外加柱加固黏土砖墙的增强系数

砌筑砂浆强度等级	外加柱在加固墙体的位置			
	一端	两端		窗间墙中部
		墙体无洞口	墙体有一洞	
≤M2.5	1.1	1.3	1.2	1.2
≥M5	1.0	1.1	1.1	1.1

16.3.15 外加柱的拉结钢筋、销键、压浆锚杆和锚筋应分别符合下列要求：

1 拉结钢筋可采用 2Φ12，长度不应小于 1.5 m，应紧贴横墙布置；其一端应锚在外加柱内，另一端应锚入横墙的孔洞内；孔洞尺寸宜采用 120 mm×120 mm，拉结钢筋的锚固长度不应小于其直径的 15 倍，并用 C20 混凝土填实。

2 销键截面宜采用 240 mm×180 mm，入墙深度可采用 180 mm，销键应配置 4Φ18 钢筋和 2φ6 箍筋，销键与外加柱必须同时浇筑。

3 压浆锚杆可采用 1 根Φ14 的钢筋，在柱和横墙内的锚固长度均不应小于锚杆直径的 35 倍；锚浆可采用水泥基灌浆料等，锚杆应先在墙面固定后，再浇筑外加柱混凝土，墙体锚孔压浆前应采用压力水将孔洞冲刷干净。

4 锚筋适用于砌筑砂浆实际强度等级不低于 M2.5 的实心砖墙体，并可采用Φ12 钢筋，锚孔直径可依据胶黏剂的不同取 18 mm～25 mm，锚入深度可采用 150 mm～200 mm。

16.3.16 后加圈梁的材料和构造，尚应符合下列要求：

1 圈梁应现浇，其混凝土强度等级不应低于 C20，钢筋可采用 HPB300 级或 HRB335 级热轧钢筋；对 A 类砌体房屋，7 度且不超过三层时，顶层可采用型钢圈梁，采用槽钢时不应小于[8，采用角钢时不应小于∟75×6。

2 圈梁截面高度不应小于 180 mm，宽度不应小于 120 mm；

圈梁的纵向钢筋，对A类砌体房屋，7、8度时可分别采用4φ8和4φ10，对B类砌体房屋，7、8度时可分别采用4φ10和4Φ12；箍筋可采用φ6，其间距宜为200 mm；外加柱和钢拉杆锚固点两侧各500 mm范围内的箍筋应加密。

3 钢筋混凝土圈梁与墙体的连接，可采用销键、螺栓、锚栓或锚筋连接；型钢圈梁宜采用螺栓连接。采用的销键、螺栓、锚栓或锚筋应符合下列要求：

1）销键的高度宜与圈梁相同，其宽度和锚入墙内的深度均不应小于180 mm；销键的主筋可采用4φ8，箍筋可采用φ6；销键宜设在窗口两侧，其水平间距可为1 m～2 m。

2）螺栓和锚筋直径不应小于12 mm，锚入圈梁内的垫板尺寸可采用60 mm×60 mm×6 mm，螺栓间距可为1 m～1.2 m。

3）对A类砌体房屋且砌筑砂浆强度等级不低于M2.5的墙体，可采用M10～M16的锚栓。

16.3.17 代替内墙圈梁的钢拉杆，应符合下列要求：

1 当每开间均有横墙时，应至少隔开间采用2根Φ12的钢筋；当多开间有横墙时，在横墙两侧的钢拉杆直径不应小于14 mm。

2 沿内纵墙端部布置的钢拉杆长度不得小于两开间；沿横墙布置的钢拉杆两端应锚入外加柱、圈梁内或与原墙体锚固，但不得直接锚固在外廊柱头上；单面走廊的钢拉杆在走廊两侧墙体上都应锚固。

3 当钢拉杆在增设圈梁内锚固时，可采用弯钩或加焊80 mm×80 mm×8 mm的锚板埋入圈梁内；弯钩的长度不应小于拉杆直径的35倍；锚板与墙面的间隙不应小于50 mm。

4 钢拉杆在原墙体锚固时，应采用钢垫板，拉杆端部应加焊相应的螺栓；钢拉杆在原墙体锚固的方形钢锚板的尺寸可按表16.3.17采用。

表 16.3.17　钢拉杆方形钢垫板尺寸(边长×厚度)(mm)

钢拉杆直径(mm)	原墙体厚度					
	370 mm			180～240 mm		
	墙体砌筑强度等级					
	M0.4	M1.0	M2.5	M0.4	M1.0	M2.5
12	200×10	100×10	100×14	200×10	150×10	100×12
14	—	150×12	100×14	—	250×10	100×12
16	—	200×14	100×14	—	350×14	200×14
18	—	200×16	150×16	—	—	250×16
20	—	300×18	200×18	—	—	350×18

16.3.18　用于增强 A 类砌体房屋纵、横墙连接的圈梁、钢拉杆，尚应符合下列要求：

1　圈梁应现浇，砌筑砂浆强度等级为 M0.4 时，圈梁截面高度不应小于 200 mm，宽度不应小于 180 mm。

2　当层高约 3 m、承重横墙间距不大于 3.6 m，且每开间外墙面洞口不小于 1.2 m×1.5 m 时，增设圈梁的纵向钢筋可按表 16.3.18-1 采用，钢拉杆的直径可按表 16.3.18-2 采用；单根拉杆直径过大时，可采用双拉杆，但其总有效截面面积应大于单根拉杆有效截面面积的 1.25 倍。

3　房屋为纵墙或纵横墙承重时，无横墙处可不设置钢拉杆，但增设的圈梁应与楼、屋盖可靠连接。

表 16.3.18-1　增强纵横墙连接的钢筋混凝土圈梁纵向钢筋

总层数	圈梁设置楼层	砂浆强度等级	7 度		8 度	
			墙厚(mm)		墙厚(mm)	
			370	240	370	240
6	5～6	M1，M2.5 M0.4	4φ10 4Φ12	4φ10	4Φ12 4Φ14	4φ10 4Φ12
	1～4	M1，M2.5 M0.4	4φ10	4φ10	4Φ12	4φ10

续表 16.3.18-1

总层数	圈梁设置楼层	砂浆强度等级	7 度		8 度	
			墙厚(mm)		墙厚(mm)	
			370	240	370	240
5	4～5	M1，M2.5 M0.4	4φ10 4Φ12	4φ10	4Φ12	4Φ12
	1～3	M1，M2.5 M0.4	4φ10	4φ10	4φ10	4φ10
4	3～4	M1，M2.5 M0.4	4φ10	4φ10	4φ10 4Φ12	4φ10
	1～2	M1，M2.5 M0.4	4φ10	4φ10	4φ10	4φ10
3	1～3	M1，M2.5 M0.4	4φ10	4φ10	4φ10	4φ10

表 16.3.18-2 增强纵横墙连接的钢拉杆直径(mm)

总层数	拉杆设置楼层	7 度每层隔开间		8 度每层隔开间		8 度隔层每开间		8 度每层每开间	
		墙厚(mm)							
		≤240	370	≤240	370	≤240	370	≤240	370
6	1～6		16	—	—	—	—	—	—
5	4～5 1～3		16	—	—	14	16	12	16 12
4	3～4 1～2	12	16	16	20	14	16	12	14 12
3	1～3		14	16	20	12	14	12	14
2	1～2		14	16	20	12	14	12	14
1	1		14	16	18	—	—	12	12

16.3.19 圈梁和钢拉杆的施工应符合下列要求：

1 增设圈梁处的墙面有酥碱、油污或饰面层时，应清除干净；圈梁与墙体连接的孔洞应用水冲洗干净；混凝土浇筑前，应浇水润湿墙面和木模板；锚筋和锚栓应可靠锚固。

2　圈梁的混凝土宜连续浇筑，不应在距钢拉杆(或横墙)1 m以内处留施工缝，圈梁顶面应做泛水，其底面应做滴水槽。

3　钢拉杆应张紧，不得弯曲和下垂；外露铁件应涂刷防锈漆。

(Ⅵ) 砌体裂缝修补

16.3.20　对砌体中宽度大于0.5 mm且深度较浅的裂缝，宜采用嵌缝法进行处理。当用于处理活动裂缝时，应使用柔性密封材料。

16.3.21　嵌缝法修复裂缝前，首先应剔凿干净裂缝表面的抹灰层，然后沿裂缝开凿U形槽。对凿槽的深度和宽度，应符合下列要求：

1　当为静止裂缝时，槽深不宜小于15 mm，槽宽不宜小于20 mm。

2　当为活动裂缝时，槽深宜适当加大，且应凿成光滑的平底，以利于铺设隔离层；槽宽宜按裂缝预计张开量 t 加以放大，通常可取为(15 mm＋$5t$)。另外，槽内两侧壁应凿毛。

3　当为钢筋锈蚀引起的裂缝时，应凿至钢筋锈蚀部分完全露出为止，钢筋底部混凝土凿除的深度，以能使除锈工作彻底进行。

16.3.22　对静止裂缝，可采用改性环氧砂浆、氨基甲酸乙酯胶泥或改性环氧胶泥等作为嵌缝材料，其嵌缝构造见图16.3.22(a)。

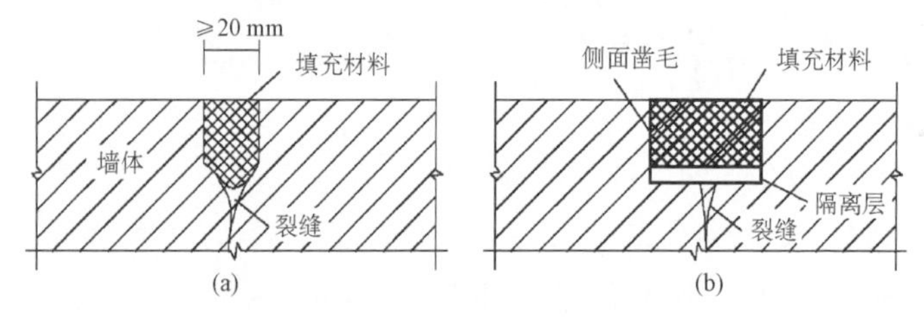

图16.3.22　嵌缝法修补裂缝示意图

对活动裂缝，可采用丙烯酸树脂、氨基甲酸乙酯、氯化橡胶或可挠性环氧树脂等为嵌缝用的弹性密封材料（或密封剂），并可采用聚乙烯片、蜡纸或油毡片等为隔离层，其嵌缝构造见图16.3.22(b)。

16.3.23 对锈蚀裂缝，应在已除锈的钢筋表面上，先涂刷防锈液或防锈涂料，待干燥后再填充封闭裂缝材料。

对活动裂缝，其隔离层应干铺，不得与槽底有任何粘结。其弹性密封材料的充填，应先在槽内两侧表面上涂刷一层粘结剂，以使嵌缝材料能起到既密封又能适应变形的作用。

16.3.24 嵌缝法修补裂缝应符合下列要求：

1 充填封闭裂缝材料前，应先将槽内两侧凿毛的表面浮尘清除干净。

2 采用水泥基修补材料填补裂缝，应先将裂缝及周边砌体表面润湿。采用有机材料不得湿润砌体表面，应先将槽内两侧面上涂刷一层树脂基液，待固化后即可充填所选用的材料。

3 充填封闭材料应采用搓压的方法填入裂缝中，并应修复平整。

16.3.25 对砌体中宽度大于 0.5 mm 且深度较深的裂缝，宜采用压力灌浆法进行处理。压力灌浆使用的材料可包括无收缩水泥基灌浆料、环氧基灌浆料等。

16.3.26 压力灌浆法修补裂缝应符合下列要求：

1 清理裂缝：砌体裂缝两侧不少于 100 mm 范围内的抹灰层应剔凿掉，油污、浮尘应清除干净；应用钢丝刷、毛刷等工具，清除裂缝表面的灰尘、白灰、浮渣及松软层等污物，用高压气清除缝隙中的颗粒和灰尘。

2 安装灌浆嘴：

1） 灌浆嘴位置：当裂缝宽度在 2 mm 以内时，灌浆嘴间距可取 200 mm～250 mm；当裂缝宽度在 2 mm～5 mm 时，可取 350 mm；当裂缝宽度大于 5 mm 时，可取

450 mm，且应设在裂缝端部和裂缝较大处。

2）钻眼：钻孔深度应取 30 mm～40 mm，孔径宜略大于灌浆嘴的外径，钻孔后应清除孔中的粉屑。

3）固定灌浆嘴：裂缝较细或墙厚超过 240 mm 时墙两侧均应安放灌浆嘴。

3 封闭裂缝：封闭裂缝前应先浇湿砌体表面并用纯水泥浆涂刷一道，再用 M10 水泥砂浆封闭，封闭宽度不应小于 200 mm。

4 试漏：待水泥砂浆达到一定强度后，应使用 0.2 MPa～0.25 MPa 的压缩空气进行压气试漏。对封闭不严的漏气处应进行修补。

5 配浆：应根据浆液的凝固时间及进浆强度，确定每次配浆数量。浆液稠度过大，或者出现初凝情况，应停止使用。

6 压力灌浆：

1）压力灌浆前应先灌水，此时空气压缩机的压力控制在 0.2 MPa～0.3 MPa。

2）灌浆过程应进行至邻近灌浆嘴（或排气嘴）溢浆为止。

3）灌浆顺序应自下而上，边灌边用塞子堵住已灌浆的嘴，灌浆完毕且已初凝后，即可拆除灌浆嘴，并用砂浆抹平孔眼。

4）在灌浆时应严格控制压力，防止损坏边角部位和小截面的砌体，必要时，应作临时性支护。

16.3.27 对于水平的通长裂缝，可沿裂缝钻孔，做成销键，以加强两边墙体的共同作用。销键直径 25 mm，间距 250 mm～300 mm，深度可以比墙厚小 20 mm～25 mm。做完销键后再进行灌浆。

16.3.28 当墙体裂缝分布较细且较密集时，宜采用外加网片水泥砂浆层加固方法加固。

1 外加网片所用的材料可包括：钢筋网、钢丝网、复合纤维织物网等。当采用钢筋网时，其钢筋直径不宜大于 4 mm。当采用无纺布替代纤维复合材料修补裂缝时，仅允许用于非承重构件的静止细裂缝的封闭性修补。

2 网片覆盖面积除应按裂缝或风化、剥蚀部分的面积确定外,尚应考虑网片的锚固长度。一般情况下,网片短边尺寸不应小于 500 mm。

3 网片的层数:对钢筋和钢丝网片,一般为单层;对复合纤维材料,一般为 1 层~2 层;设计时可根据实际情况确定。

4 外加网片的施工应符合国家现行有关标准的规定。

16.3.29 对砌体受力不大,砌体块材和砂浆强度不高的部位;以及风化、剥蚀砌体,宜采用置换法进行处理。

16.3.30 置换用的砌体块材可以是原砌体材料,也可以是其他材料,如配筋混凝土实心砌块等。

16.3.31 置换砌体施工应满足以下要求:

1 把需要置换部分及周边砌体表面抹灰层剔除,然后沿着灰缝将置换砌体凿掉。在凿打过程中,应避免扰动不置换部分的砌体。

2 仔细把粘在砌体上的砂浆剔除干净,清除浮尘后充分润湿墙体。

3 修复过程中应保证填补砌体材料与原有砌体可靠嵌固。

4 砌体修补完成后,再做抹灰砂浆。

5 施工时应采取安全措施,保证结构受力安全,以防发生意外。

(Ⅶ)增设钢托架加固

16.3.32 采用增设钢托架加固房屋时,应符合下列要求:

1 制作托架的钢材宜采用 Q235 钢、Q355 钢、Q390 钢和 Q420 钢,其质量应分别符合现行国家标准《碳素结构钢》GB/T 700 和《低合金高强度结构钢》GB/T 1591 的规定。当采用其他牌号的钢材时,尚应符合相应有关标准的规定和要求。

托架中采用焊接连接的部分,宜选用 Q235-B 级钢,焊条可采用现行国家标准《碳钢焊条》GB/T 5117 规定的 E4303 型焊条。

托架中采用螺栓连接的部分，宜采用性能等级为 4.6、4.8 级的普通 C 级螺栓，锚栓宜采用现行国家标准《碳素结构钢》GB/T 700 中规定的 Q235 钢。

2 采用增设钢托架加固房屋时，钢托架应与被加固的构件有可靠连接。

3 制作托架的材料，应根据被加固结构所处的环境及使用要求确定。当在高湿度或高温环境中使用钢构件及其连接时，应采用有效的防锈、隔热措施。

17 钢筋混凝土结构加固

17.1 一般规定

17.1.1 本章适用于现浇及装配整体式钢筋混凝土框架(包括填充墙框架)、框架-抗震墙结构以及抗震墙结构的抗震加固,其适用的最大高度和层数应符合本标准第6.1.1条的有关规定。

钢筋混凝土结构房屋的抗震等级,B类房屋应符合本标准第6.3.1条的有关规定,C类房屋应符合现行上海市工程建设规范《建筑抗震设计标准》DGJ 08—9的有关规定。

17.1.2 钢筋混凝土房屋的抗震加固应符合下列要求:

1 抗震加固时应根据房屋的实际情况选择不同的加固方案,如提高结构构件抗震承载力、增强结构变形能力、改变结构体系或采用消能减震等方法。

2 加固后的框架应避免形成短柱、短梁或强梁弱柱。

3 加固后进行抗震能力验算时,体系影响系数和局部影响系数应根据房屋加固后的状态计算和取值。

17.1.3 钢筋混凝土房屋加固后,当按本标准第3.2.6条的规定采用现行上海市工程建设规范《建筑抗震设计标准》DGJ 08—9规定的方法进行抗震承载力验算时,可按本标准第6.2节的方法计入构造的影响,但应采用加固后的构造影响系数;构件加固后的抗震承载力应根据其加固方法按本章的规定计算。

17.2 加固方法

17.2.1 钢筋混凝土房屋的结构体系和抗震承载力不满足要求

时，可选择下列加固方法：

1 单向框架应加固，或改为双向框架，或采取加强楼、屋盖整体性且同时增设抗震墙或柱间支撑等抗侧力构件的措施。

2 单跨框架不符合鉴定要求时，应在不大于框架-抗震墙结构的抗震墙最大间距且不大于 24 m 的间距内增设抗震墙、翼墙、消能支撑等抗侧力构件或将对应轴线的单跨框架改为多跨框架。

3 框架梁柱配筋不符合鉴定要求时，可采用钢套、现浇钢筋混凝土套或粘贴钢板、碳纤维布、钢绞线网-聚合物砂浆面层等加固。

4 框架柱轴压比不符合鉴定要求时，可采用现浇钢筋混凝土套等加固。

5 房屋侧向变形刚度较弱、明显不均匀或有明显的扭转效应时，可增设钢筋混凝土抗震墙或翼墙加固；也可设置支撑（包括消能支撑）加固。

6 当框架梁柱实际受弯承载力不符合鉴定要求时，可采用钢套、现浇钢筋混凝土套或粘贴钢板等加固框架柱；也可通过罕遇地震下的弹塑性变形验算确定对策。

7 钢筋混凝土抗震墙配筋不符合鉴定要求时，可加厚原有墙体或增设端柱、墙体等。

8 当楼梯构件不符合鉴定要求时，可粘贴钢板、碳纤维布、钢绞线网-聚合物砂浆面层等加固。

17.2.2 钢筋混凝土构件有局部损伤时，可采用细石混凝土修复；出现裂缝时，可灌注水泥基灌浆料等补强。

17.2.3 填充墙体与框架柱连接不符合鉴定要求时，可增设拉筋连接；填充墙体与框架梁连接不符合鉴定要求时，可在墙顶增设钢夹套等与梁拉结；楼梯间的填充墙不符合鉴定要求，可采用钢筋网砂浆面层加固。

17.2.4 女儿墙等易倒塌部位不符合鉴定要求时，可按本标准第 16.2.3条的有关规定选择加固方法。

17.3 加固设计及施工

（Ⅰ）增设抗震墙或翼墙

17.3.1 增设钢筋混凝土抗震墙或翼墙加固房屋时，应符合下列要求：

1 原构件的混凝土强度等级不应低于C10，新增混凝土强度等级不应低于C20级，且其强度等级应比原结构、构件提高一级。

2 墙厚不应小于140 mm，竖向和横向分布钢筋的最小配筋率均不应小于0.20%。对于B、C类钢筋混凝土房屋，其墙厚和配筋应符合其抗震等级的相应要求。

3 增设抗震墙后可按框架-抗震墙结构或少墙框架结构进行抗震分析，增设的混凝土和钢筋的强度均应乘以规定的折减系数。加固后抗震墙之间楼、屋盖长宽比的局部影响系数应作相应改变。

17.3.2 增设钢筋混凝土抗震墙或翼墙加固房屋的设计尚应符合下列要求：

1 抗震墙宜设置在框架的轴线位置；翼墙宜在柱两侧对称布置。

2 抗震墙或翼墙的墙体构造应符合下列规定：

1) 墙体的竖向和横向分布钢筋宜双排布置，且两排钢筋之间的拉结筋间距不应大于600 mm；墙体周边宜设置边缘构件。

2) 墙与原有框架可采用化学植筋连接(见图17.3.2)；植筋与梁柱边的距离不应小于50 mm，且植筋深度不应小于现行国家标准《混凝土结构加固设计规范》GB 50367的相关规定；现浇钢筋混凝土套与柱的连接应符合本标准第17.3.7条的有关规定，且厚度不应小于50 mm。

3 增设翼墙后，翼墙与柱形成的构件可按整体偏心受压构件计算。新增钢筋、混凝土的强度折减系数不宜大于0.85；当新增的混凝土强度等级比原框架柱高一个等级时，可直接按原强度等级计算而不再计入混凝土强度的折减系数。

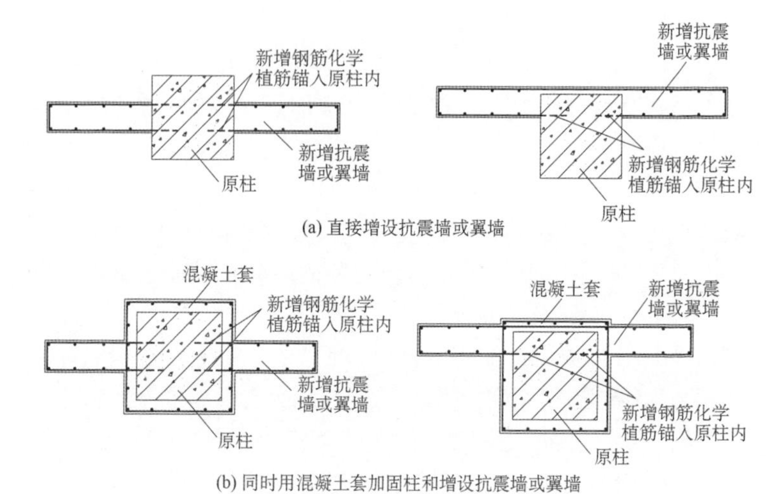

图 17.3.2　增设墙与原框架柱的连接示例

17.3.3　抗震墙和翼墙的施工应符合下列要求：

1　原有的梁柱表面应凿毛，浇筑混凝土前应清洗并保持湿润，浇筑后应加强养护。

2　锚筋应除锈，锚孔应采用钻孔成形，不得用手凿，孔内应采用压缩空气吹净并用水冲洗，注胶应饱满并使锚筋固定牢靠。

（Ⅱ）钢套加固

17.3.4　采用钢套加固框架时，应符合下列要求：

1　钢套加固梁时，纵向角钢、扁钢两端应与柱有可靠连接。

2　钢套加固柱时，应采取措施使楼板上下的角钢、扁钢可靠连接；顶层的角钢、扁钢应与屋面板可靠连接；底层的角钢、扁钢应与基础锚固。

3　加固后梁、柱截面抗震验算时，角钢、扁钢应作为纵向钢筋、钢缀板应作为箍筋进行计算，其材料强度应乘以规定的折减系数。

17.3.5 采用钢套加固框架的设计尚应符合下列要求：

1 钢套加固梁时，应在梁的阳角外贴角钢[见图 17.3.5(a)]，角钢应与钢缀板焊接，钢缀板应穿过楼板形成封闭环形。

2 钢套加固柱时，应在柱四角外贴角钢[见图 17.3.5(b)]，角钢应穿越楼板，并与外围的钢缀板焊接。

3 钢套的构造应符合下列要求：

1) 角钢不宜小于∟50×6；钢缀板截面不宜小于 40 mm×4 mm，其间距不应大于单肢角钢的截面最小回转半径的 40 倍，且不应大于 400 mm，构件两端应适当加密。

2) 钢套与梁、柱混凝土之间应采用胶黏剂粘结。

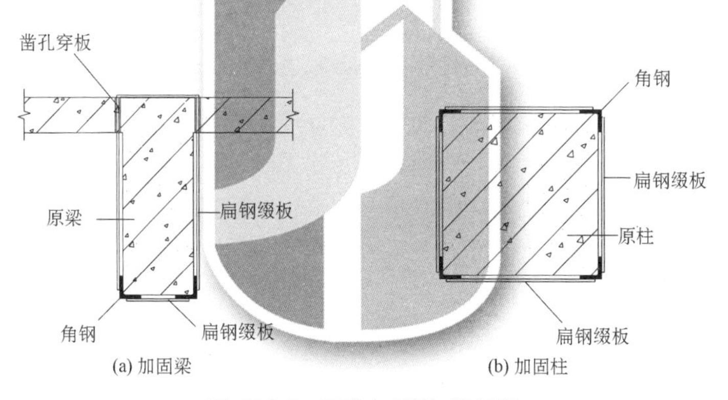

图 17.3.5 钢套加固梁、柱示例

4 加固后进行抗震承载力验算时，梁、柱箍筋构造的体系影响系数可取 1.0。构件按组合截面进行抗震验算，加固梁的钢材强度宜乘以折减系数 0.8；加固柱应符合下列规定：

1) 柱加固后的初始刚度可按下式计算：

$$K = K_0 + 0.5E_0 I_a \qquad (17.3.5\text{-}1)$$

式中：K ——加固后的初始刚度；

K_0 ——原柱截面的弯曲刚度；

E_0 ——角钢的弹性模量；

I_a ——外包角钢对柱截面形心的惯性矩。

2）柱加固后的现有正截面受弯承载力可按下式计算：

$$M_y = M_{y0} + 0.7 A_a f_{ay} h \quad (17.3.5\text{-}2)$$

式中：M_{y0} ——原柱现有正截面受弯承载力，对A、B类钢筋混凝土结构，可按现行上海市工程建设规范《建筑抗震设计标准》DGJ 08—9的有关规定确定；

A_a ——柱一侧外包角钢、扁钢的截面面积；

f_{ay} ——角钢、扁钢的抗拉屈服强度；

h ——验算方向柱截面高度。

3）柱加固后的现有斜截面受剪承载力可按下式计算：

$$V_y = V_{y0} + 0.7 f_{ay} (A_a / s) h \quad (17.3.5\text{-}3)$$

式中：V_y ——柱加固后的现有斜截面受剪承载力；

V_{y0} ——原柱现有斜截面受剪承载力，对A、B类钢筋混凝土结构，可按现行上海市工程建设规范《建筑抗震设计标准》DGJ 08—9的有关规定确定；

A_a ——同一柱截面内扁钢缀板的截面面积；

f_{ay} ——扁钢抗拉屈服强度；

s ——扁钢缀板的间距。

17.3.6 钢套的施工应符合下列要求：

1 加固前应卸除或大部分卸除作用在梁上的活荷载。

2 原有的梁柱表面应清洗干净，缺陷应修补，角部应磨出小圆角。

3 楼板凿洞时，应避免损伤原有钢筋。

4 构架的角钢应采用夹具在两个方向夹紧，缀板应分段焊接。注胶应在构架焊接完成后进行，胶缝厚度宜控制在3 mm～5 mm。

5 钢材表面应涂刷防锈漆，或在构架外围抹 25 mm 厚的 1∶3 水泥砂浆保护层，也可采用其他具有防腐蚀和防火性能的饰面材料加以保护。

（Ⅲ）钢筋混凝土套加固

17.3.7 采用钢筋混凝土套加固梁柱时，应符合下列要求：

1 原构件的混凝土强度等级不应低于 C10，新增混凝土强度等级不应低于 C20 级，且其强度等级应比原结构、构件提高一级。

2 柱套的纵向钢筋遇到楼板时，应凿洞穿过并上下连接，其根部应伸入基础并满足锚固要求，其顶部应在屋面板处封顶锚固；梁套的纵向钢筋应与柱可靠连接。

3 加固后梁、柱按整体截面进行抗震验算，新增的混凝土和钢筋的材料强度应乘以规定的折减系数。

17.3.8 采用钢筋混凝土套加固梁柱的设计尚应符合下列要求：

1 采用钢筋混凝土套加固梁时，应将新增纵向钢筋设在梁底面和梁上部[见图 17.3.8(a)]，并应在纵向钢筋外围设置箍筋；采用钢筋混凝土套加固柱时，应在柱周围设置纵向钢筋[见图 17.3.8(b)]，并应在纵向钢筋外围设置封闭箍筋，纵筋应采用锚筋与原框架柱有可靠拉结。

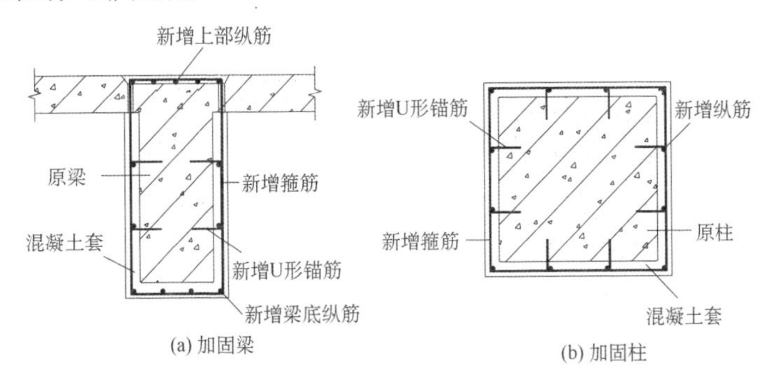

图 17.3.8 钢筋混凝土套加固梁、柱示例

2　钢筋混凝土套的材料和构造尚应符合下列要求：

1）宜采用细石混凝土，其强度宜高于原构件一个等级。

2）纵向钢筋宜采用 HRB400、HRB335 级热轧钢筋，箍筋可采用 HPB300 级热轧钢筋。

3）A 类钢筋混凝土结构，箍筋直径不宜小于 8 mm，间距不宜大于 200 mm，B、C 类钢筋混凝土结构，应符合其抗震等级的相关要求；靠近梁柱节点处应加密；柱套的箍筋应封闭，梁套的箍筋应有一半穿过楼板后弯折封闭。

3　加固后的梁柱可作为整体构件进行抗震验算，其现有承载力，可按现行上海市工程建设规范《建筑抗震设计标准》DGJ 08—9 规定的方法确定。其中，新增钢筋、混凝土的强度折减系数不宜大于 0.85；当新增的混凝土强度等级比原框架柱高一个等级时，可直接按原强度等级计算而不再计入混凝土强度的折减系数。A、B 类钢筋混凝土结构，梁柱箍筋、轴压比等的体系影响系数可取 1.0。

17.3.9　钢筋混凝土套的施工应符合下列要求：

1　加固前应卸除或大部分卸除作用在梁上的活荷载。

2　原有的梁柱表面应凿毛并清理浮渣，缺陷应修补。

3　楼板凿洞时，应避免损伤原有钢筋。

4　浇筑混凝土前应用水清洗并保持湿润，浇筑后应加强养护。

（Ⅳ）粘贴钢板加固

17.3.10　采用粘贴钢板加固梁柱时，应符合下列要求：

1　原构件的混凝土强度等级不应低于 C15；混凝土表面的受拉粘结强度不应低于 1.5MPa。粘贴钢板应采用粘结强度高且耐久的胶黏剂；钢板可采用 Q235 或 Q355 钢，厚度宜为 2 mm～5 mm。

2　钢板的受力方式应设计成仅承受轴向应力作用。钢板在需要加固的范围以外的锚固长度，受拉时不应小于钢板厚度的

200 倍,且不应小于 600 mm;受压时不应小于钢板厚度的 150 倍,且不应小于 500 mm。

3 粘贴钢板与原构件尚宜采用专用金属胀栓连接。

4 粘贴钢板加固钢筋混凝土结构的胶黏剂的材料性能、加固的构造和承载力验算,可按现行国家标准《混凝土结构加固设计规范》GB 50367 的有关规定执行。其中,对构件承载力的新增部分,其承载力抗震调整系数宜采用 1.0,且对 A、B 类钢筋混凝土结构,原构件的材料强度设计值和抗震承载力,应按本标准抗震鉴定的有关规定采用。

5 被加固构件长期使用的环境和防火要求,应符合国家现行有关标准的规定。

6 粘贴钢板加固时,应卸除或大部分卸除作用在梁上的活荷载,其施工应符合专门的规定。

(Ⅴ)粘贴纤维布加固

17.3.11 采用粘贴纤维布加固梁柱时,应符合下列要求:

1 原构件的混凝土强度等级不应低于 C15,且混凝土表面的正拉粘结强度不应低于 1.5 MPa。

2 碳纤维的受力方式应设计成仅承受拉应力作用。当提高梁的受弯承载力时,碳纤维布应设在梁顶面或底面受拉区;当提高梁的受剪承载力时,碳纤维布应采用 U 形箍加纵向压条或封闭箍的方式;当提高柱受剪承载力时,碳纤维布宜沿环向螺旋粘贴并封闭,当矩形截面采用封闭环箍时,至少缠绕 3 圈且搭接长度应超过 200 mm。粘贴纤维布在需要加固的范围以外的锚固长度,受拉时不应小于 600 mm。

3 纤维布和胶黏剂的材料性能、加固的构造和承载力验算,可按现行国家标准《混凝土结构加固设计规范》GB 50367 的有关规定执行。其中,对构件承载力的新增部分,其加固承载力抗震调整系数宜采用 1.0,且对 A、B 类钢筋混凝土结构,原构件的材料强度设计值和抗震承载力，应按按本标准抗震鉴定的有关规定采用。

4 被加固构件长期使用的环境和防火要求，应符合国家现行有关标准的规定。

5 粘贴纤维布加固时，应卸除或大部分卸除作用在梁上的活荷载，其施工应符合专门的规定。

（Ⅵ）钢绞线网-聚合物砂浆面层加固

17.3.12 钢绞线网-聚合物砂浆面层加固梁柱的钢绞线网片、聚合物砂浆的材料性能，应符合本标准第16.3.4条的规定。界面剂的性能应符合现行行业标准《混凝土界面处理剂》JC/T 907关于Ⅰ型的规定。

17.3.13 钢绞线网-聚合物砂浆面层加固梁柱的设计应符合下列要求：

1 原有构件混凝土的实际强度等级不应低于C15，且混凝土表面的正拉粘结强度不应低于1.5 MPa。

2 钢绞线网的受力方式应设计成仅承受拉应力作用。当提高梁的受弯承载力时，钢绞线网应设在梁顶面或底面受拉区（见图17.3.13-1）；当提高梁的受剪承载力时，钢绞线网应采用三面围套或四面围套的方式（见图17.3.13-2）；当提高柱受剪承载力时，钢绞线网应采用四面围套的方式（见图17.3.13-3）。

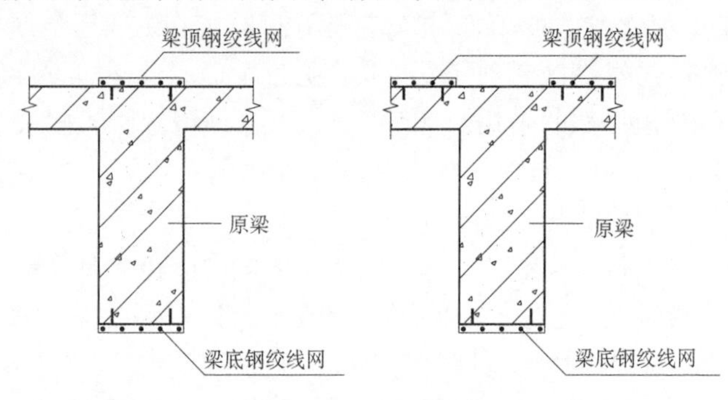

图 17.3.13-1 梁受弯加固

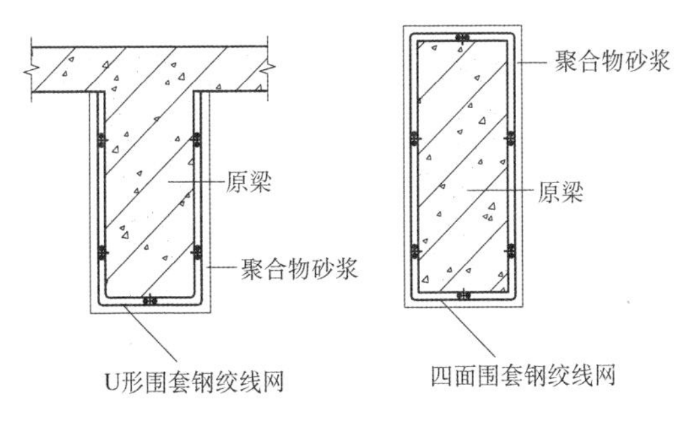

图 17.3.13-2　梁受剪加固

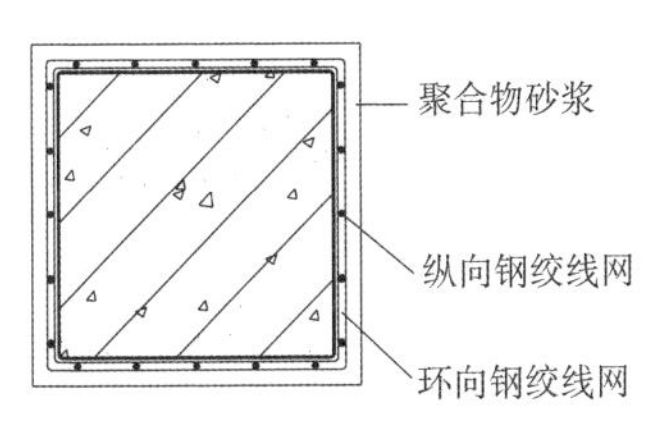

图 17.3.13-3　柱受剪加固

3　钢绞线网-聚合物砂浆面层加固梁柱的构造应符合下列要求：

1) 面层的厚度应大于 25 mm，钢绞线保护层厚度不应小于 15 mm。

2) 钢绞线网应设计成仅承受单向拉力作用，其受力钢绞线的间距不应小于 20 mm，也不应大于 40 mm；分布钢绞线不应考虑其受力作用，间距在 200 mm～500 mm。

3) 钢绞线网应采用专用金属胀栓固定在构件上，端部胀栓应错开布置，中部胀栓应交错布置，且间距不宜大于 300 mm。

4　钢绞线网-聚合物砂浆面层加固梁的承载力验算，可按照现行国家标准《混凝土结构加固设计规范》GB 50367 的有关规定进行，其中，对构件承载力的新增部分，其承载力抗震调整系数宜采用 1.0,且对 A、B 类钢筋混凝土结构,原构件的材料强度设计值和抗震承载力应按本标准抗震鉴定的有关规定采用。

5 钢绞线网-聚合物砂浆面层加固柱简化的承载力验算,环向钢绞线可按箍筋计算,但钢绞线的强度应依据柱剪跨比的大小乘以折减系数,剪跨比不小于 3 时取 0.50,剪跨比不大于 1.5 时取 0.32。对 A、B 类钢筋混凝土结构,原构件的材料强度设计值和抗震承载力应按本标准抗震鉴定的有关规定采用。

6 被加固构件长期使用的环境要求,应符合国家现行有关标准的规定。

17.3.14 钢绞线网-聚合物砂浆面层的施工应符合下列要求:

1 加固前应卸除或大部分卸除作用在梁上的活荷载。

2 加固的施工顺序和主要注意事项可按本标准第 16.3.6 条的规定执行。

3 加固时应清除原有抹灰等装修面层,处理至裸露原混凝土结构的坚实面,对缺陷处应涂刷界面剂后用聚合物砂浆修补,基层处理的边缘应比设计抹灰尺寸外扩 50 mm。

4 界面剂喷涂施工应与聚合物砂浆抹面施工段配合进行,界面剂应随用随搅拌,分布应均匀,不得遗漏被钢绞线网遮挡的基层。

(Ⅶ)增设支撑加固

17.3.15 采用钢支撑加固框架结构时,应符合下列要求:

1 支撑的布置应有利于减少结构沿平面或竖向的不规则性;支撑的间距不应超过框架-抗震墙结构中墙体最大间距的规定。

2 支撑的形式可选择交叉形或人字形,支撑的水平夹角不宜大于 55°。

3 支撑杆件的长细比和构件的宽厚比,应依据设防烈度的不同,按现行上海市工程建设规范《建筑抗震设计标准》

DGJ 08—9对钢结构设计的有关规定采用。

4 支撑可采用钢箍套与原有钢筋混凝土构件可靠连接，并应采取措施将支撑的地震内力可靠地传递到基础。

5 新增钢支撑可采用两端铰接的计算简图，且只承担地震作用。

6 钢支撑应采取防腐、防火措施。

17.3.16 采用消能支撑加固框架结构时，应符合本标准第20章相关要求。

（Ⅷ）混凝土缺陷修补

17.3.17 混凝土构件局部损伤和裂缝等缺陷的修补应符合下列要求：

1 修补所采用的细石混凝土，其强度等级宜比原构件的混凝土强度等级高一级，且不应低于C20；修补前，损伤处松散的混凝土和杂物应剔除，钢筋应除锈，并采取措施使新、旧混凝土可靠结合。

2 压力灌浆的浆液或浆料的可灌性和固化性应满足设计、施工要求；灌浆前应对裂缝进行处理，并埋设灌浆嘴；灌浆时，可根据裂缝的范围和大小选用单孔灌浆或分区群孔灌浆，并应采取措施使浆液饱满密实。

（Ⅸ）填充墙加固

17.3.18 砌体墙与框架连接的加固应符合下列要求：

1 墙与柱的连接可增设拉筋加强[见图17.3.18(a)]；拉筋直径可采用6 mm，其长度不应小于600 mm，沿柱高的间距不宜大于600 mm，8度时或墙高大于4 m时，墙半高的拉筋应贯通墙体；拉筋的一端应采用化学植筋锚入柱内，或与锚入柱内的锚栓焊接；拉筋的另一端弯折后锚入墙体的灰缝内，并用1∶3水泥砂浆将墙面抹平。

2 墙与梁的连接,可按本条第 1 款的方法增设拉筋加强墙与梁的连接;亦可采用墙顶增设钢夹套加强墙与梁的连接[见图 17.3.18(b)];墙长超过层高 2 倍时,在中部宜增设上下拉结的措施。钢夹套的角钢不应小于∟63×6,螺栓不宜少于 2M12,沿梁轴线方向的间距不宜大于 1.0 m。

3 加固后进行抗震承载力验算时,墙体连接的局部影响系数可取 1.0。

4 拉筋的锚孔和螺栓孔应采用钻孔成形,不得用手凿;钢夹套的钢材表面应涂刷防锈漆。

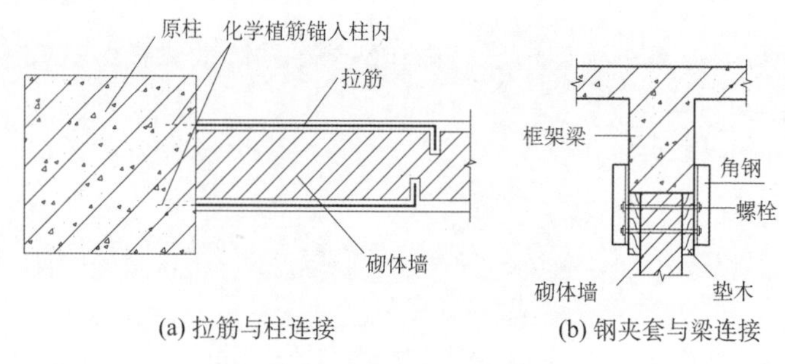

(a) 拉筋与柱连接　　(b) 钢夹套与梁连接

图 17.3.18　砌体墙与框架的连接

18 木结构加固

18.1 一般规定

18.1.1 本章适用于中、小型木结构房屋的抗震加固，其构架类型和房屋的层数，应符合本标准第 11.1.1 条的规定。

18.1.2 木结构房屋的抗震加固应以提高木构架的抗震能力为原则。可根据实际情况，采取减轻屋盖重力、加固木构架、加强和增设支撑、加强木构件间的连接、加强围护墙与木构件间的连接、增砌砖抗震墙、消除原来不合理的构造等措施。

18.1.3 木结构房屋抗震加固时，可不进行抗震验算，但应采取切实可行的抗震加固方法和抗震措施。

18.1.4 木结构房屋，特别是对于老旧的木骨架房屋，梁、柱、屋架、檩条等局部或个别部位有腐朽、腐蚀、蛀蚀与变形开裂时，应及时采取加固措施。

18.2 加固方法

18.2.1 屋架、梁、柱、檩条等木构件的加固可采用下列方法：

1 无下弦的人字屋架可采用钢拉杆加固。

2 开裂、腐朽、腐蚀和蛀蚀的屋架、梁、柱等木构件，可采用非抗震要求的加固方法。

3 木梁端部严重腐朽时，可将腐朽的部分切除，改用槽钢接长，代替原来的入墙部分。

4 屋架端部严重腐朽时，应将腐材切除后更换为新材。如无法根除腐朽的木材时，可切除腐材后，用型钢焊成钢节点或采用钢筋混凝土节点代替原有的木质节点构造。

18.2.2 加强和增设支撑及斜撑可采用下列方法：

1 木屋架之间，特别是房屋端部木屋架之间增设垂直的剪刀支撑，并用螺栓锚固。在剪刀支撑交汇处，宜加设垫木，使剪刀支撑连接牢靠，如图 18.2.2-1 所示。

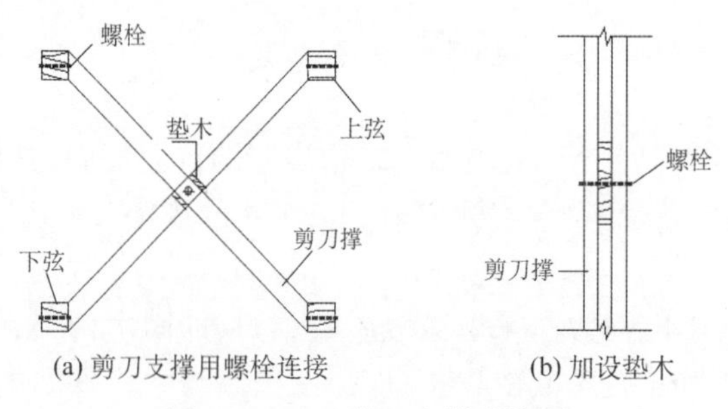

图 18.2.2-1 剪刀支撑连接图

2 屋面增设上弦横向水平支撑。

3 在屋架与木柱间的连结处增设斜撑，并用螺栓连接(见图 18.2.2-2 和图 18.2.2-3)。用木夹板作斜撑，并用螺栓固定，也可起到斜撑作用(见图 18.2.2-4)。

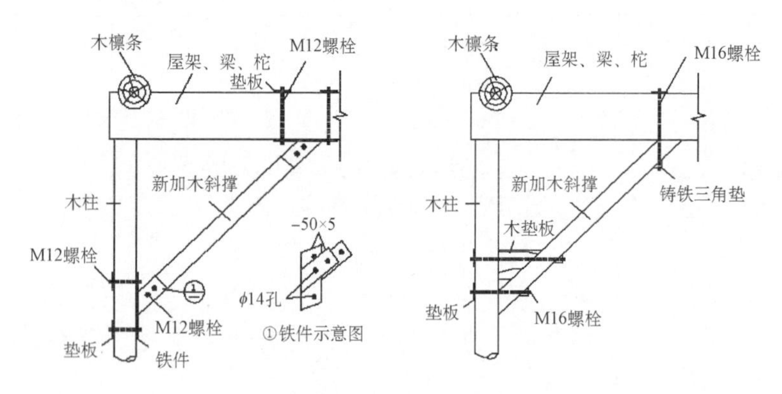

图 18.2.2-2 木骨架用斜撑加固

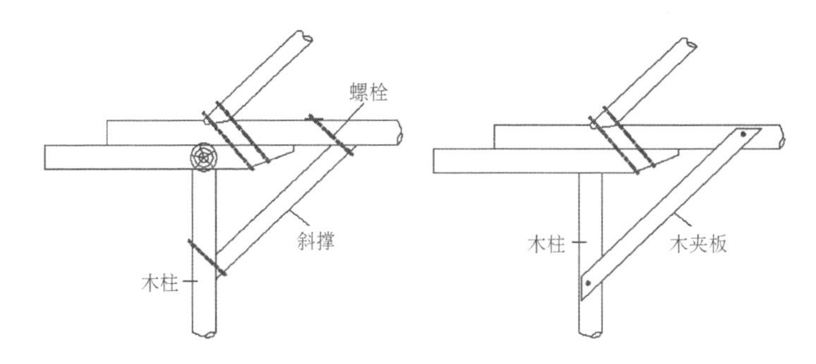

图 18.2.2-3　斜撑用螺栓连接　　图 18.2.2-4　用木夹板作斜撑

18.2.3　加强木构架构件间的连接可采用下列方法：

1　在梁、柱接头处增设托木，并用螺栓锚固以加强整体性（见图 18.2.3-1）。

2　屋架与柱之间采用铁件和螺栓连接（见图 18.2.3-2）。

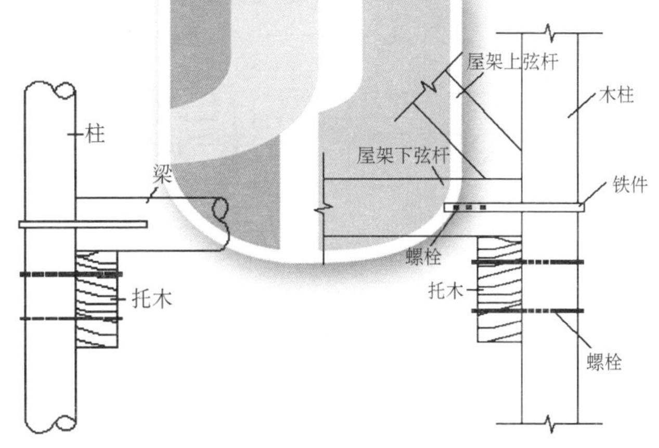

图 18.2.3-1　梁柱接头处用托木加固　　图 18.2.3-2　屋架与柱节点用螺栓连接

3　当木屋架采用开榫方法与柱连结时，因屋架削弱断面过大，容易拉裂和断开，可采用扁铁和螺栓加固[见图 18.2.3-3(a)]。砖柱与木屋架的连接处可采用混凝土垫块和螺栓加固[见图 18.2.3-3(b)]。

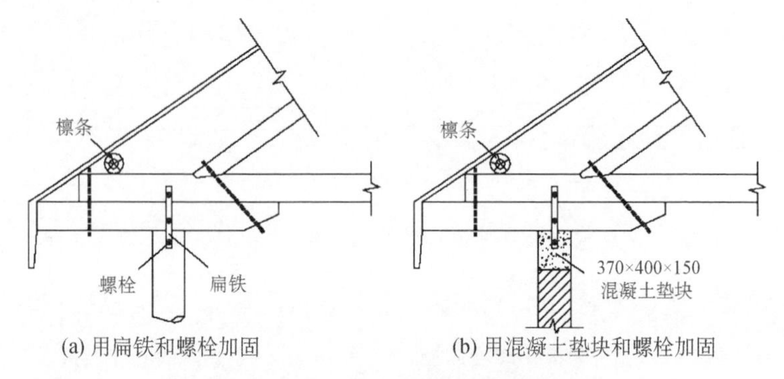

图 18.2.3-3　柱与木屋架挑檐木加固

4　木屋架支座处与砖墙的连接加固，可采用新加圈梁和螺栓的方法[见图 18.2.3-4(a)]，也可采用新加角钢和螺栓的方法[见图 18.2.3-4(b)]。

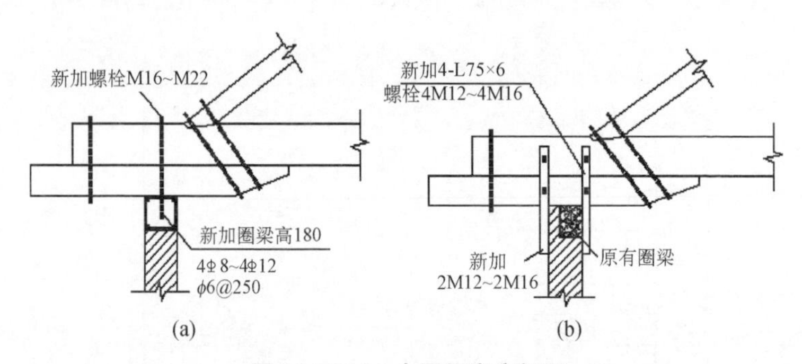

图 18.2.3-4　木屋架支座加固

5　檩条与木屋架的连接可用扁铁或短木条进行加固。

18.2.4　木屋架或木梁支承长度不足 250 mm，又无锚固措施时，可采用下列方法加固：

1　采用附加木柱或顶砌砖柱方法。

2　采用沿砖墙侧加托木接长支座或加木夹板的方法，分别如图 18.2.4-1和图 18.2.4-2 所示。

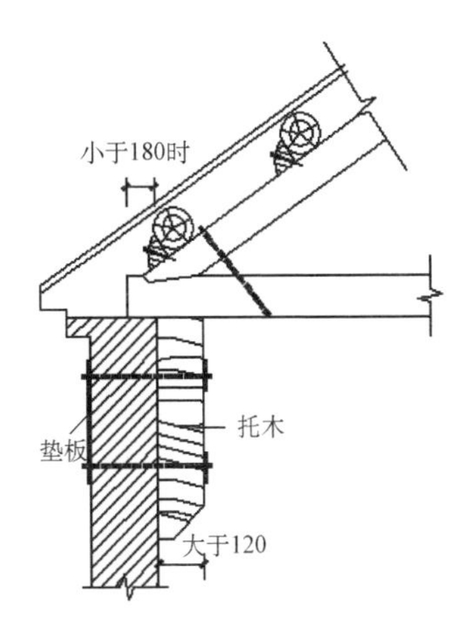

图 18.2.4-1　屋架用托木加长支座加固

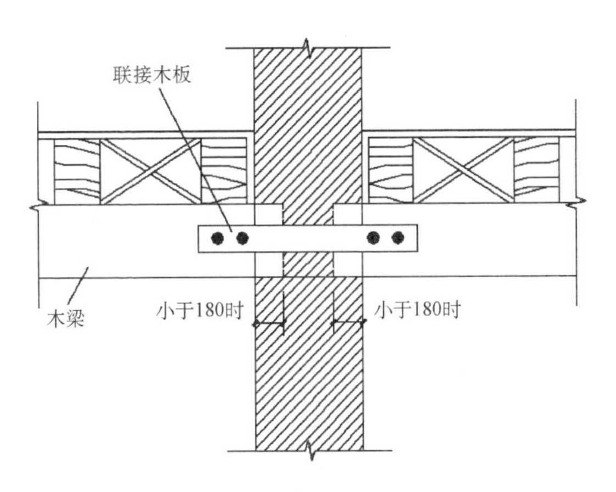

图 18.2.4-2　木梁用木夹板加固支座

18.2.5　砖墙与木构件的连接可采用下列方法加固：

1　砖墙与木梁、木龙骨的连接加固方法分别如图 18.2.5-1(a)和图 18.2.5-1(b)，采用墙缆与木梁、木龙骨可靠拉结。

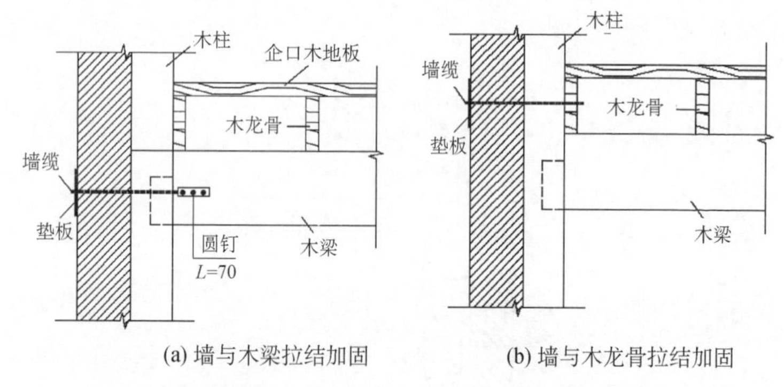

图 18.2.5-1　砖墙与木梁、木龙骨加固

2　后砌砖隔墙与木柱及枋、梁间的连接方法：厚度为 120 mm、高度大于 2.5 m 或厚度为 240 mm、高度大于 3.0 m 的后砌砖隔墙，应沿墙高每隔 1 m 与木骨架有一道 2ϕ6、长度为 700 mm 的钢筋拉结。

3　砖墙与角柱间的连接加固可采用穿墙墙缆拉结的方法，见图 18.2.5-2。

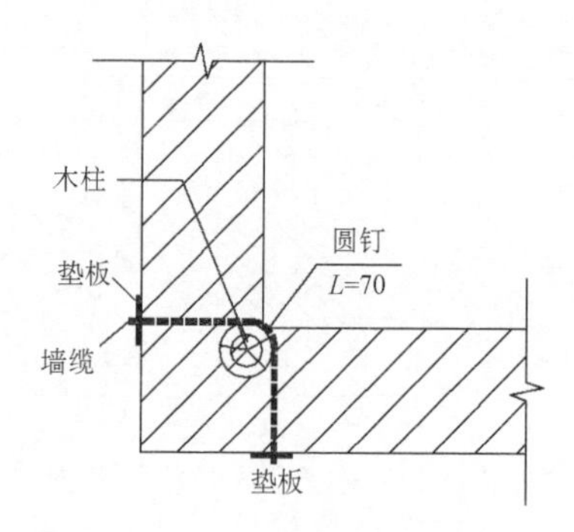

图 18.2.5-2　砖墙与角柱连接加固

19 烟囱和水塔加固

19.1 烟囱加固

（Ⅰ）一般规定

19.1.1 本节适用于普通类型的独立砖烟囱和钢筋混凝土烟囱，其高度应符合本标准第12.1节的有关规定。当烟囱经抗震鉴定不符合本标准第12.1节各项规定时，应按构造和抗震承载力的不符合程度进行抗震加固。

19.1.2 砖烟囱不符合抗震鉴定要求时，可采用钢筋砂浆面层或扁钢套加固；钢筋混凝土烟囱不符合抗震鉴定要求时，可采用现浇或喷射钢筋混凝土套加固。

19.1.3 烟囱加固时，高度不超过50 m的砖烟囱及高度不超过100 m的钢筋混凝土烟囱，可不进行抗震验算。

19.1.4 地震时有倒塌伤人危险且无加固价值的烟囱应及时拆除。

（Ⅱ）砖烟囱加固设计及施工

19.1.5 采用钢筋砂浆面层加固时，应符合下列要求：

1 水泥砂浆的强度等级宜采用M10。

2 面层厚度可为40 mm～60 mm，顶部应设钢筋混凝土圈梁。

3 面层的竖向和环向钢筋，对于A类烟囱，应按表19.1.5选用。

4 竖向钢筋的端部应设弯钩，下端应锚固在基础或深入地面500 mm下的圈梁内，上端应锚固在顶部的圈梁内。

表 19.1.5　A 类砖烟囱钢筋砂浆面层的竖向和环向钢筋

烟囱高度（m）	烈度	竖向钢筋		环向钢筋	
		直径（mm）	间距（mm）	直径（mm）	间距（mm）
30	7	10	300	6	250
	8	14	300		
40	7	12	300		
	8	14	300		
50	7	12	300		
	8	16	300		

注：本表适用于砖强度等级为 MU10，砂浆强度等级为 M5 的砖烟囱。

19.1.6　采用扁钢套加固砖烟囱时，应符合下列要求：

1　砖的强度等级不宜低于 MU7.5，实际的砂浆强度等级不宜低于 M2.5。

2　竖向和环向扁钢的用量，对于 A 类烟囱，可按表 19.1.6 选用。

3　竖向扁钢应紧贴砖筒壁，且每隔 1.0 m 应采用钢筋与筒壁锚拉，下端应锚固在基础或深入地面 500 mm 下的圈梁内，环向扁钢与竖向扁钢焊牢。

4　扁钢套应采取防腐措施。

表 19.1.6　A 类烟囱扁钢套的竖向和环向扁钢

烟囱高度（m）	烈度	竖向扁钢		环向扁钢	
		根数	规格（mm）	间距（mm）	规格（mm）
30	7	8	—60×8	1 500	—40×6
	8	8	—80×8		
40	7	8	—60×8	1 500	—60×6
	8	8	—80×8		
50	7	8	—60×8	1 500	—80×6
	8	8	—80×8		

注：本表适用于砖强度等级为 MU10，砂浆强度等级为 M5 的砖烟囱。

（Ⅲ）钢筋混凝土烟囱加固设计及施工

19.1.7 采用钢筋混凝土套加固钢筋混凝土烟囱时，应符合下列要求：

1 混凝土强度等级宜高于原烟囱一个等级，且不应低于 C20。

2 钢筋混凝土套的厚度，当浇注施工时不应小于 120 mm，当喷射施工时，不应小于 80 mm。

3 对于 A 类烟囱，竖向钢筋直径不宜小于 12 mm，其下端应锚入基础内；环向钢筋直径不应小于 8 mm，其间距不应大于 200 mm。对于 B 类烟囱，其竖向钢筋直径应增加 2 mm。

4 钢筋混凝土套的施工应符合本标准第 17.3.9 条的有关规定。

19.2 水塔加固

（Ⅰ）一般规定

19.2.1 本节适用于砖和钢筋混凝土的筒壁式和支架式独立水塔，其容积和高度应符合本标准第 12.2 节的有关规定。

19.2.2 水塔不符合抗震鉴定要求时，可选择下列加固方法：

1 容积小于 50 m^3 的砖筒壁水塔，可采用扁钢套加固；容积不小于 50 m^3 的 A 类砖筒壁水塔，可采用外加钢筋混凝土圈梁和柱或钢筋砂浆面层加固。

2 砖支柱水塔，对于 A 类水塔，高度不超过 12 m 的可采用钢筋砂浆面层加固。

3 钢筋混凝土支架水塔，可采用钢构架套或钢筋混凝土套加固。

4 倒锥壳水塔可采用钢筋混凝土内、外套筒加筒，套筒应与基础锚固，并应与原筒壁紧密连成一体。

5 水塔基础倾斜，应纠偏复位；对整体式基础尚应加大其面积，对单独基础尚应改为条形基础或增设连系梁加强其整体性。

19.2.3 按本节规定加固水塔时，对采用钢筋混凝土套筒加固的倒锥壳水塔及采用钢筋混凝土套或钢套加固的砖筒壁水塔应进行抗震验算。

19.2.4 地震时有倒塌伤人危险且无加固价值的水塔应及时拆除。

（Ⅱ）砖筒壁、砖支柱水塔的加固设计及施工

19.2.5 采用扁钢套加固水塔筒壁时，应符合下列要求：

1 扁钢的厚度不应小于 6 mm。

2 竖向扁钢不应少于 8 根，并应紧贴筒壁，下端应与基础锚固；环向扁钢间距不应大于 1.5 m，并应与竖向扁钢焊牢。

3 扁钢套应采取防腐措施。

19.2.6 采用外加钢筋混凝土圈梁和柱加固水塔筒壁时，应符合下列要求：

1 外加柱不应少于 4 根，截面不应小于 300 mm×300 mm，并应与基础锚固；外加圈梁可沿筒壁高度每隔 4 m～5 m 设置一道，截面不应小于 300 mm×400 mm。

2 外加圈梁和柱的主筋不应少于 4Φ18，箍筋不应小于ϕ10，间距不应大于 200 mm，梁柱节点附近的箍筋应加密。

19.2.7 采用钢筋砂浆面层加固水塔的砖筒壁或砖支柱时，应符合下列要求：

1 砂浆的强度等级不应低于 M10，面层的厚度可采用 40 mm～60 mm。

2 加固砖筒壁时，竖向和环向钢筋的直径不应小于 8 mm，间距不应大于 250 mm。

3 加固砖柱的面层应四周设置，其竖向钢筋每边不应少于 3ϕ10，箍筋直径不应小于 6 mm，间距不应大于 200 mm。

4 加固的竖向钢筋应与基础锚固。

19.2.8 采用钢筋混凝土套加固砖筒壁水塔时，应符合下列要求：

1 钢筋混凝土套的厚度不宜小于 120 mm，并应与基础锚固。

2 宜采用细石混凝土，强度等级不应低于 C20。

3 加固砖筒壁时，套的竖向钢筋直径不应小于 12 mm，间距不应大于 250 mm；环向钢筋直径不应小于 8 mm，间距不应大于 250 mm。

（Ⅲ）钢筋混凝土支架水塔的加固设计及施工

19.2.9 采用钢筋混凝土套加固钢筋混凝土支架时，应符合下列要求：

1 钢筋混凝土套的厚度不宜小于 120 mm，并应与基础锚固。

2 宜采用细石混凝土，强度等级宜高于原支架一个等级，且不应低于 C20。

3 水塔的混凝土支架加固时，其纵向钢筋不应小于 4Φ14，箍筋直径不应小于 10 mm，间距不应大于 200 mm。

19.2.10 采用角钢套加固钢筋混凝土水塔支架的设计及施工，宜符合本标准第 17 章的有关规定，并应喷或抹水泥砂浆保护层。

20 基础隔震和消能减震加固方法

20.1 一般规定

20.1.1 基础隔震加固技术是通过在既有结构的下方(上部结构与基础之间)增设隔震支座和阻尼装置等部件组成具有整体复位功能的隔震层,以延长整个结构体系的水平自振周期,减小结构的水平地震作用,间接达到抗震加固的目的。当受建筑外貌或使用功能等制约,不宜按常规方式对结构进行直接抗震加固时,宜优先采用基础隔震技术对结构进行抗震加固。

20.1.2 消能减震加固技术是通过在既有结构的某些部位(层间、节点、连接缝等)附加消能部件或增加消能子结构,增加结构振动阻尼及刚度,消耗输入主体结构的地震能量,转移、减轻结构受到的地震作用和减小结构的变形,达到提高结构抗震性能目的。

消能部件:由消能器与连接组成的一个组合消能构件。

20.1.3 基础隔震和消能减震加固设计应根据既有建筑的抗震设防类别、抗震设防烈度、场地条件、建筑结构方案和建筑使用要求优化加固方案,与采用其他抗震加固方法的设计方案进行技术、经济上的综合对比分析,以确定其设计方案。采用了基础隔震和消能减震技术加固的既有建筑,在罕遇地震下的抗震设防目标宜高于采用传统加固技术的建筑。

20.1.4 消能减震加固设计不应考虑消能部件承受重力荷载。

20.1.5 消能部件应具有足够的平面外刚度,防止出现平面外失稳。

20.1.6 隔震、消能减震加固结构遭遇设防地震和罕遇地震后,应对隔震支座、消能器进行检查和维护。

20.1.7 基础隔震和消能减震加固设计、计算流程应按图 20.1.7进行，基础隔震和消能减震加固效果的评价宜以设防烈度地震作用下的分析结果为判据。

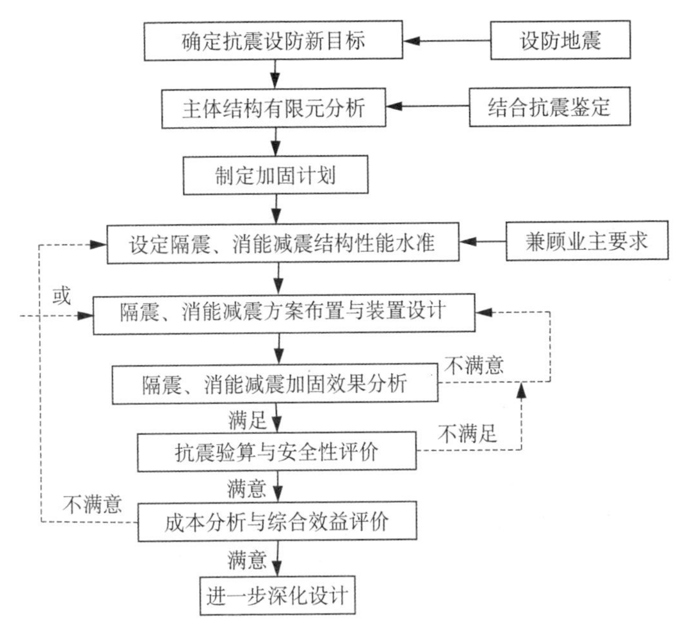

图 20.1.7 隔震、消能减震加固设计流程

20.2 基础隔震加固设计要点

20.2.1 建筑结构采用基础隔震方案提高抗震性能时应符合下列各项要求：

1 基础隔震加固建筑的高宽比宜小于 3，且不应大于现行国家相关标准对非隔震结构的具体规定，其变形特征接近剪切变形。

2 隔震层装置的水平变形弹性刚度应保证隔震建筑在罕遇地

震作用下的基本周期远离建筑场地水平地运动设计反应谱的特征周期，并保证罕遇地震作用下隔震层的等效黏滞阻尼比足够大。

3 隔震层下部结构竖向变形刚性应保证重力作用下的支座不出现拉力，隔震层上盘应满足水平面内无限刚性要求。隔震层装置的强度和刚度应满足上部结构风荷载作用下的强度和舒适度要求。

4 穿过隔震层的设备配管、配线，应采用柔性连接或其他有效措施以适应隔震层的罕遇地震水平位移。

5 新增隔震层结构构造应符合国家现行规范对隔震结构的相关要求。

20.2.2 隔震支座、防撞装置、消能器等产品质量设计与验收应符合现行国家和上海市建设工程设计规范有关产品性能的相关要求。常用的基础隔震支座有普通叠层橡胶支座、铅芯橡胶支座、高阻尼橡胶支座、弹性滑板支座和摩擦摆支座等。应优先采用两种以上的隔震支座设计成组合隔震体系，并结合建筑物的特点综合优化支座的布置。

20.2.3 采用基础隔震加固的建筑物的隔震层在大震时的最大位移应控制在各种管线的变形能力和相邻建筑物之间允许变形的范围内，可根据结构特点采用适当布置阻尼器的方法控制隔震层的位移。

20.2.4 隔震支座上方应设置贯通的连梁体系，连梁的设计应考虑强度和刚度要求，还应考虑施工方法和可能发生的地基不均匀沉降等不利因素，连梁的设计内力应不小于结构计算模型分析得到的全部荷载组合内力的2倍。

20.2.5 采用基础隔震加固建筑的减震效果评估应符合现行国家和上海市建设工程设计规范相关要求。

20.3 消能减震加固设计要点

20.3.1 采用消能减震加固技术的楼(屋)盖宜满足平面内无限刚

性要求。当楼（屋）盖平面内无限刚性要求不满足时，应考虑楼（屋）盖平面内的弹性变形，并建立符合实际情况的力学分析模型。抗震计算分析模型应同时包括主体结构与消能部件。

20.3.2 采用消能减震技术抗震加固建筑的消能子框架构造应充分考虑既有建筑的结构的体系、构造措施等选择合适可靠的形式。

20.3.3 采用消能减震技术抗震加固建筑的减震效果评估应符合现行国家和上海市建设工程设计规范相关要求。

20.3.4 消能减震加固宜根据既有结构抗震能力、构造措施、材料强度现状，选择合适的单种消能器或多种消能器。常用种类的消能器有黏滞消能器、黏弹性消能器、金属剪切或弯曲型消能器、屈曲约束支撑以及摩擦型消能器等。

20.3.5 单幢建筑中同种消能器规格不宜超过3个，且宜选用标准类产品。消能器的变形能力应按罕遇地震下减震结构的弹塑性分析结果确定，同时满足罕遇地震下结构层间变形限值要求。

20.3.6 消能减震设计时，应根据多遇或设防地震下的预期减震要求及罕遇地震下的预期结构位移控制要求，设置适当的消能部件。消能部件可由消能器及斜撑、墙体、梁等支撑构件组成，支撑构件应能在罕遇地震作用下保持弹性。

20.3.7 消能器的力学模型参数应根据设计要求，按消能器类型选择：

1 设计施工图应明确标注出消能器性能参数，设计分析所用消能器力学模型参数应与施工图中注明的力学参数基本一致，消能器力学参数应按结构动力特性和受力特点保证地震作用下能充分发挥耗能特性原则选取。

2 摩擦型消能器、铅消能器可采用理想弹塑性模型。

3 金属消能器、消能型屈曲约束支撑宜采用双线性等强硬化模型。

4 黏滞消能器可采用麦克斯韦（Maxwell）模型。

5 黏弹性消能器可采用开尔文(Kelvin)模型。

20.3.8 消能减震加固设计应合理配置消能部件,消能部件沿着房屋高度方向的布置宜逐层缓变,在水平方向的布置宜尽量使结构在两个主轴方向的动力特性相近,并应避免既有建筑附加消能部件后产生新的明显的薄弱楼层和扭转效应。

20.3.9 以剪切变形为主的结构中的消能器布置应遵照下列原则:

1 消能部件的布置宜使结构在两个水平主轴方向的动力特性相近。

2 消能部件的竖向布置宜使结构沿高度方向刚度均匀。

3 消能部件宜布置在层间相对位移或相对速度较大的楼层,同时可采用合理形式增加消能器两端的相对变形或相对速度,提高消能器的减震效率。

4 消能部件的布置不应导致结构出现明显的薄弱构件或薄弱层。

20.3.10 以剪切变形为主的结构中消能部件的布置宜使消能减震结构的设计参数符合下列规定:

1 采用位移相关型消能器时,各楼层的消能部件有效刚度与主体结构层间刚度比宜接近,各楼层的消能部件水平剪力与主体结构的层间剪力和层间位移的乘积之比的比值宜接近。

2 采用黏滞消能器时,各楼层的消能部件的最大水平阻尼力与主体结构的水平层间剪力与层间位移的乘积之比值宜接近。

3 采用黏弹性消能器时,各层消能部件的水平刚度与结构的水平层间刚度比值、消能部件零位移时的水平阻尼力与结构的水平层间剪力乘以该层水平层间位移之积之比值宜接近。

4 消能减震结构布置消能部件的楼层中,消能器的最大阻尼力在水平方向上分量之和不宜大于该层主体结构层间屈服剪力的60%。

20.3.11 消能减震加固设计的计算分析应符合下列规定：

1 消能减震加固结构总刚度应为结构刚度和消能部件有效刚度贡献的总和，消能减震加固结构的自振周期应根据消能减震结构的总刚度确定。

2 消能减震加固结构的总阻尼比应为结构阻尼比和消能部件附加给结构的有效阻尼比的总和；多遇地震、设防烈度地震和罕遇地震下的总阻尼比应分别计算。速度相关型消能器和由延性和疲劳性能好的软钢制作的金属屈服型消能器，多遇地震下构件强度验算的附加有效阻尼比可取设防地震下的附加有效阻尼比计算值，金属屈服类消能器附加刚度则取相应最大位移时的等效刚度。

3 消能减震结构宜优先采用时程分析法，建立含有消能器连接支撑的空间有限元模型，输入时程应符合现行上海市工程建设规范《建筑抗震设计标准》DGJ 08—9 的相关要求。

4 当主体结构进入弹塑性状态，应根据主体结构体系特征，选择合适弹塑性模型，从构件层面分析加固结构的损伤状态，评估加固效果。

5 应重点验算消能子结构强度，可按设防地震下不屈服原则验算。

6 消能减震结构各种状态下层间位移角限值应按现行上海市工程建设规范《建筑抗震设计标准》DGJ 08—9 要求取值。

20.4 连接构造

20.4.1 当采用基础隔震方法加固结构时，隔震层上部主体结构的抗震构造要求可比新建隔震结构适当降低，其降低程度应参照隔震效果分析得到的减震系数确定，最大降低程度应控制在 2 度以内，但应采取适当措施提高上部结构的整体性。

20.4.2 当消能减震加固结构的抗震性能明显提高时，主体结构的抗震构造要求可适当降低，其降低程度可根据消能减震加固结构地震影响系数与未加固原结构的地震影响系数之比确定，但最大降低程度应控制在1度以内；而与消能器连接的主体结构构件（消能子结构）应满足设防地震下不屈服的要求，且相对于其他构件宜提高一个抗震等级进行构造措施核查。

20.4.3 采用基础隔震加固时，隔震支座与结构构件的连接应考虑可更换性，宜采用高强螺栓连接，构造要求应满足现行国家标准《钢结构设计标准》GB 50017 中有关章节要求，并按罕遇地震下的内力设计。

20.4.4 消能减震加固应根据工程实际情况和消能器类型选择合理的连接方式。消能器与主体结构的连接一般可采用支撑型、墙型、柱型和腋撑型等。

20.4.5 消能减震加固的消能器与结构构件的连接采用连接板（或连接构件）时，可选用铰接或刚接；而连接板（或连接构件）与结构构件间的连接可采用高强螺栓连接、焊接或化学锚栓连接来实现。高强螺栓、焊接或化学锚栓的计算、构造要求应满足现行国家标准《钢结构设计标准》GB 50017 和现行行业标准《混凝土结构后锚固技术规程》JGJ 145 中有关章节要求，并按罕遇地震下的内力设计。

20.4.6 连接节点板在消能器进行工作时应保持弹性并且不能发生失稳现象。

20.4.7 消能减震加固选定的消能器应按现行行业标准《建筑消能减震技术规程》JGJ 297 的相关规定对消能器支撑、节点板或连接板构件（包括连接高强螺栓或焊缝）、化学锚栓、预埋锚栓等进行强度和稳定性校核。校核内力值应为消能器在设计位移或设计速度下对应阻尼力的1.2倍。

20.4.8 速度型消能器可采用单斜型钢支撑或人字型钢支撑与主体结构连接，分别如图20.4.8-1和图20.4.8-2所示。

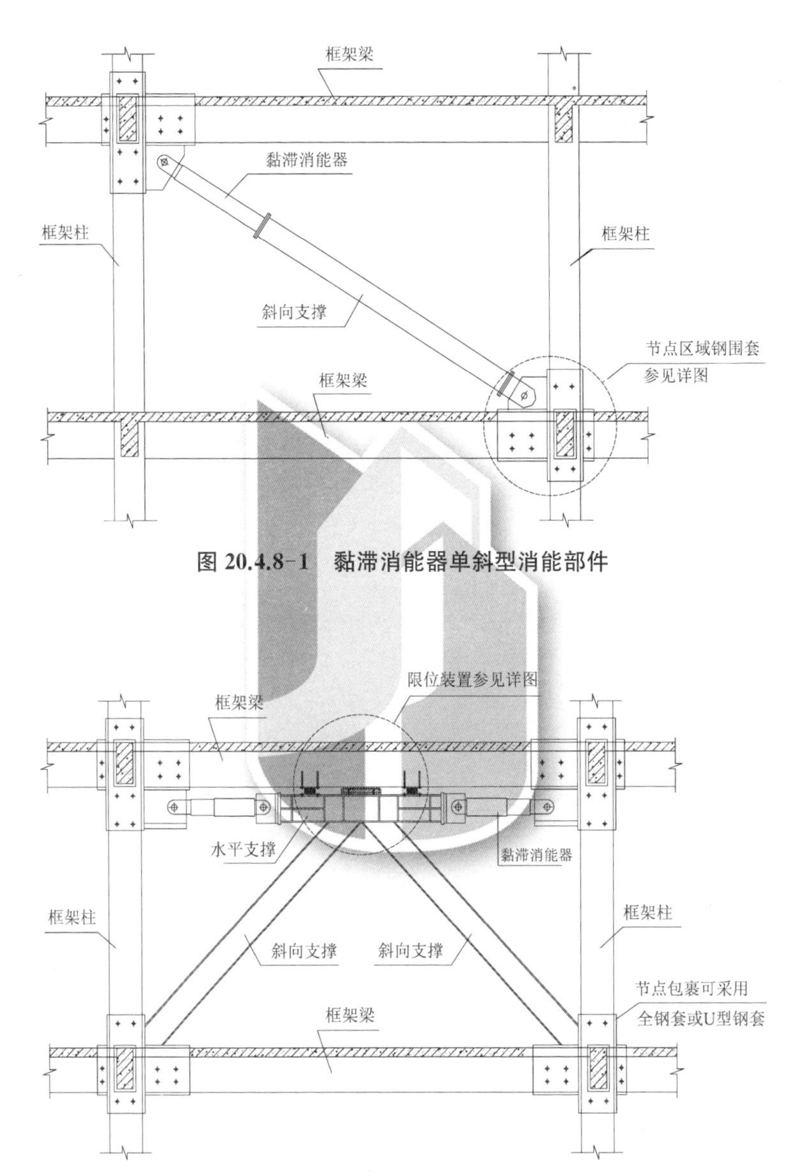

图 20.4.8-1　黏滞消能器单斜型消能部件

图 20.4.8-2　黏滞消能器人字型消能部件

1　消能器通过连接件(或连接板)采用焊接或螺栓与钢支撑连接。

2　单斜型消能部件中,消能器与钢支撑通过铰与梁柱节点相连接,如图 20.4.8-3 所示。

3　人字型消能部件中,顶部通过橡胶支座和限位装置与上梁相连接,如图 20.4.8-4 所示。

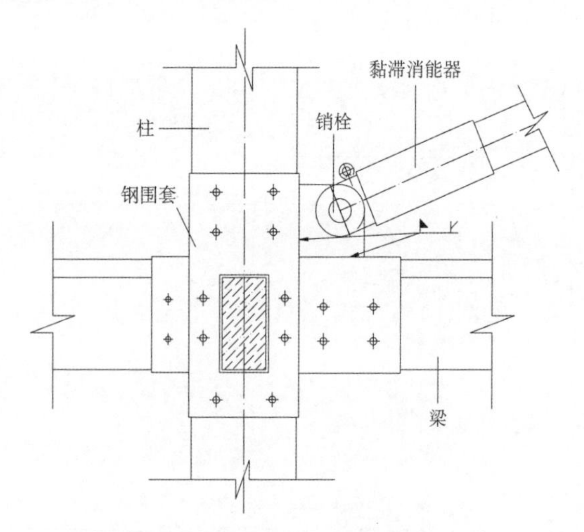

图 20.4.8-3　黏滞消能器与框架节点铰接

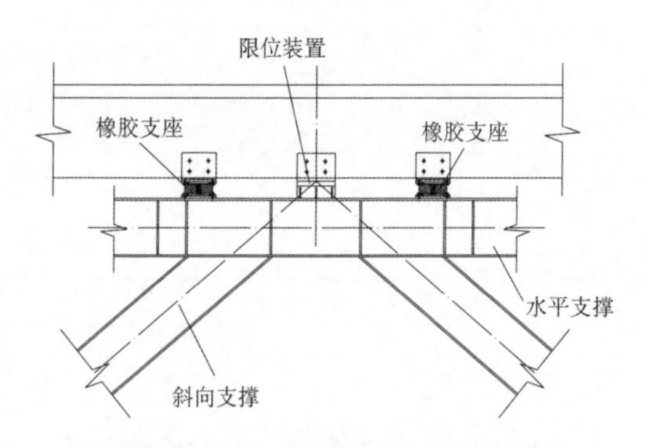

图 20.4.8-4　人字型节点构造示例

4　与消能部件相连的原结构梁柱节点可采用外包钢板加固处理，当梁柱截面尺寸不大于 500 mm 时，钢板上的螺栓可以不考虑其受力，施工时仅起钢板定位作用，且为保护梁柱节点可以不穿透构件截面。所包钢板与混凝土结合面可采用水泥灌浆料或结构胶灌注。

5　当原结构节点处抗震构造措施较好时，消能部件也可采用 U 型钢套加对穿螺栓方案与结构的梁柱连接。

20.4.9　位移型金属消能器可采用人字形钢支撑或钢筋混凝土墙支撑与主体结构连接：

1　采用人字型钢支撑与主体结构连接时，可采用图 20.4.9-1所示的化学锚栓连接方式：

1）金属消能器顶部通过 U 型钢套或穿越楼板的箱型钢套采用化学锚栓与上梁连接，而金属消能器与 U 型钢套间采用焊接连接；U 型钢套与混凝土梁结合面可采用结构胶灌注。化学锚栓和结构胶灌注应满足现行国家标准《混凝土结构加固设计规范》GB 50367 和现行行业标准《混凝土结构后锚固技术规程》JGJ 145 中的相关规定。

2）金属消能器通过连接件（或连接板）采用焊接或螺栓与下部钢支撑连接。

3）钢支撑下端与原结构梁柱节点间可通过连接件（或连接板）采用化学锚栓连接（见图 20.4.9-1）；也可采用图 20.4.8-2所示的连接方式，原结构梁柱节点采用外包钢板加固处理。

2　采用钢筋混凝土墙支撑与主体结构连接时，可采用图 20.4.9-2 所示的化学植筋连接方式：

1）新增钢筋混凝土支撑墙中的竖向钢筋采用化学植筋锚入原结构混凝土梁内。化学植筋应满足现行国家标准《混凝土结构加固设计规范》GB 50367 和现行行业标准《混凝土结构后锚固技术规程》JGJ 145 中的相关规定。

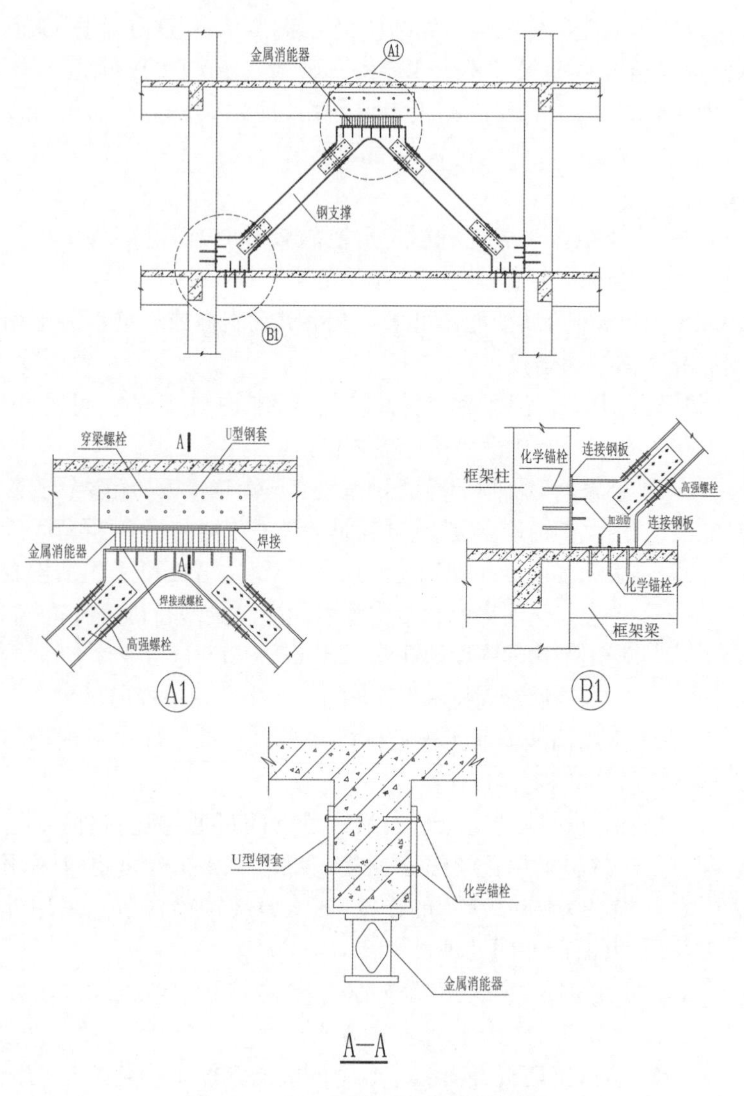

图 20.4.9-1　采用人字型钢支撑连接

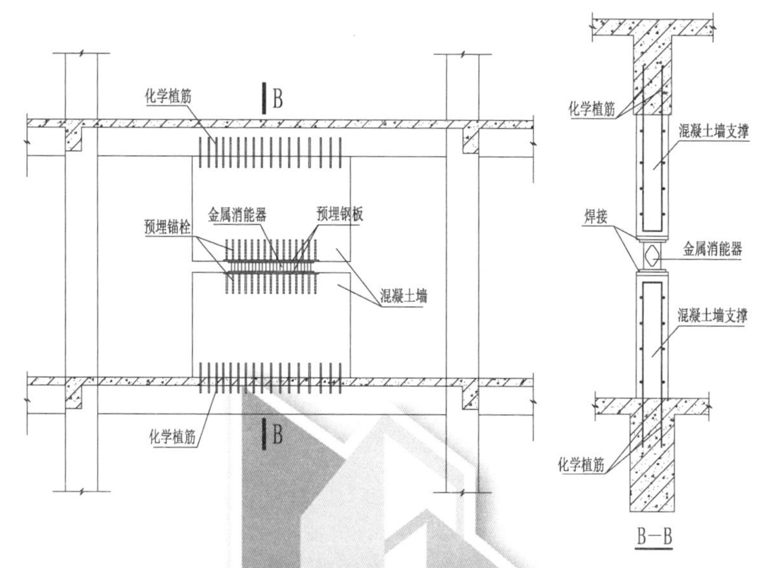

图 20.4.9-2 采用钢筋混凝土墙支撑连接

2）金属消能器通过钢筋混凝土墙中的预埋锚栓和预埋钢板与墙支撑连接，而金属消能器与预埋钢板间采用焊接连接。

3）与消能部件相连的原结构混凝土梁可采用钢筋混凝土加大截面等方法加固。加大截面加固应满足现行国家标准《混凝土结构加固设计规范》GB 50367 中的相关规定。

20.4.10 屈曲约束支撑消能器可采用单斜型或人字型与主体结构连接：

1 单斜型屈曲约束支撑两端可采用铰与原结构梁柱节点连接（见图 20.4.8-3），梁柱节点采用包钢板加固处理；也可采用图 20.4.10-1 所示的方法，通过连接件（或连接板）采用化学锚栓与原结构梁柱节点连接。

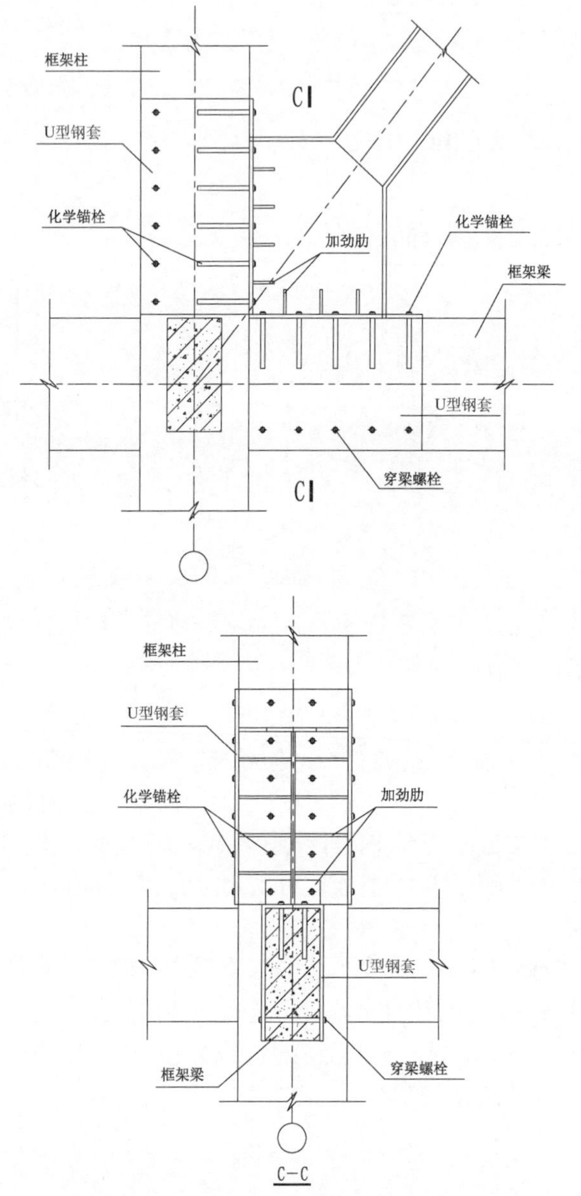

图 20.4.10-1　屈曲约束支撑与梁柱节点连接

2　人字型屈曲约束支撑可采用图 20.4.10-2 所示的方法，通过连接件（或连接板）采用化学锚栓与原结构连接。

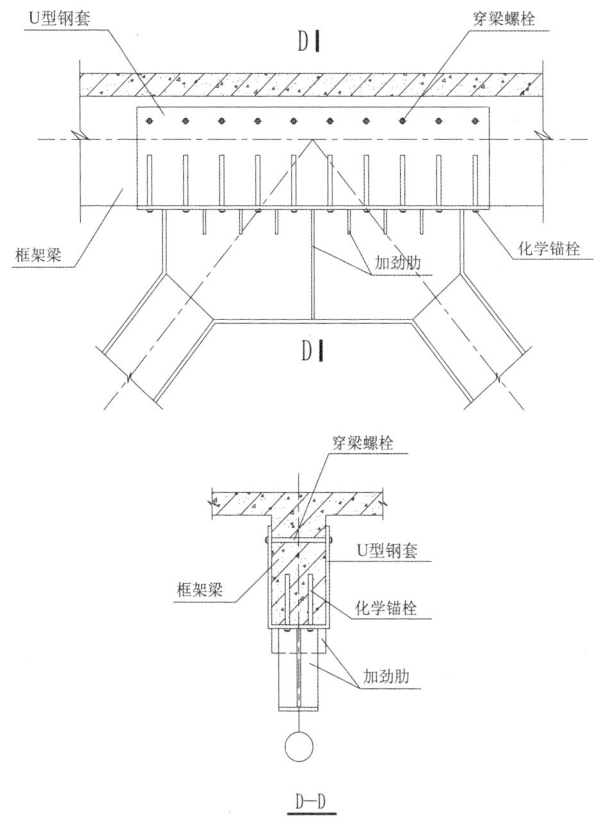

图 20.4.10-2　屈曲约束支撑与梁连接

1）人字型屈曲约束支撑上节点通过 U 型钢套或穿越楼板的箱型钢套采用化学锚栓与上梁连接，而屈曲约束支撑与 U 型钢套间采用焊接连接；U 型钢套与混凝土梁结合面可采用结构胶灌注。

2）人字型屈曲约束支撑下节点可采用铰与原结构梁柱节

点连接(见图 20.4.8-3),梁柱节点采用包钢板加固处理;也可采用图 20.4.10-1 所示的方法,通过连接件(或连接板)采用化学锚栓与原结构梁柱节点连接。

20.5 施工要求

20.5.1 基础隔震或消能减震加固工程项目的施工,应结合待加固原主体结构的材料、体系、隔震支座、消能部件及施工条件,对其进行施工组织设计,并确定施工技术方案。

20.5.2 基础隔震、消能减震加固时,隔震支座、消能部件的进场验收、现场制作、吊装就位、测量校正等,均应参照相关规范、标准进行。

20.5.3 基础隔震、消能减震加固时,隔震支座、消能部件安装接头节点的焊接、螺栓连接、应符合设计要求,并应符合现行行业标准《建筑钢结构焊接技术规程》JGJ 81 及《钢结构高强度螺栓连接的设计施工及验收规程》JGJ 82 的有关规定。

20.5.4 隔震支座、消能器的性能检验,应符合现行国家标准和上海市工程建设规范的相应要求。

20.5.5 基础隔震加固时,隔震层的切断应有严密的施工方案,切断过程应进行建筑物变形实时监控,且对称、均匀、缓慢地切断上部结构与基础之间的原有连接。应按新建建筑的要求对建筑物进行沉降观测,直至建筑物沉降稳定。

20.5.6 消能部件应根据消能器的类型、使用期间的具体情况、消能器设计使用年限和设计文件要求等进行定期检查。金属消能器、消能型屈曲约束支撑和摩擦消能器在正常使用情况下可不进行定期检查;黏滞消能器和黏弹性消能器在正常使用情况下一般 10 年或二次装修时应进行目测检查,在达到设计使用年限时应进行抽样检验。消能部件在遭遇地震、强风、火灾等灾害后应进行抽样检验。

20.5.7 消能部件抽样检验时,应在结构中抽取在役的典型消能器，对其基本性能进行原位测试或实验室测试，测试内容应能反映消能器在使用期间可能发生的性能参数变化，并应能推定可否达到预定的使用年限。

本标准用词说明

1　为了便于在执行本标准条文时区别对待，对要求严格程度不同的用词说明如下：

1）表示很严格，非这样做不可的用词：
正面词采用“必须”；
反面词采用“严禁”。

2）表示严格，在正常情况下均应这样做的用词：
正面词采用“应”；
反面词采用“不应”或“不得”。

3）表示允许稍有选择，在条件许可时首先这样做的用词：
正面词采用“宜”；反面词采用“不宜”；

4）表示有选择，在一定条件下可以这样做的用词，采用“可”。

2　条文中指明应按其他有关标准、规范执行时，写法为：“应符合……的规定”或“应按……执行”。

引用标准名录

1 《建筑抗震鉴定标准》GB 50023
2 《建筑抗震设计规范》GB 50011
3 《混凝土结构设计规范》GB 50010
4 《砌体结构设计规范》GB 50003
5 《钢结构设计标准》GB 50017
6 《木结构设计规范》GB 50005
7 《建筑地基基础设计规范》GB 50007
8 《建筑结构荷载规范》GB 50009
9 《建筑结构可靠性设计统一标准》GB 50068
10 《混凝土结构加固设计规范》GB 50367
11 《砌体结构加固设计规范》GB 50702
12 《高耸与复杂钢结构检测与鉴定标准》GB 51008
13 《构筑物抗震鉴定标准》GB 50117
14 《混凝土结构工程施工质量验收规范》GB 50204
15 《建筑工程抗震设防分类标准》GB 50223
16 《建筑边坡工程技术规范》GB 50330
17 《钢丝镀锌层》GB/T 15393
18 《碳素结构钢》GB/T 700
19 《低合金高强度结构钢》GB/T 1591
20 《橡胶支座　第1部分：隔震橡胶支座试验方法》GB/T 20688.1
21 《橡胶支座　第3部分：建筑隔震橡胶支座》GB 20688.3
22 《建筑抗震加固技术规程》JGJ 116
23 《建筑消能减震技术规程》JGJ 297

24 《高层建筑混凝土结构技术规程》JGJ 3

25 《混凝土结构后锚固技术规程》JGJ 145

26 《建筑钢结构焊接技术规程》JGJ 81

27 《钢结构高强度螺栓连接的设计施工及验收规程》JGJ 82

28 《建筑消能阻尼器》JG/T 209

29 《危险房屋鉴定标准》JGJ 125

30 《钢结构加固技术规范》CECS 77

31 《建筑抗震设计标准》DGJ 08—9

32 《地基基础设计标准》DGJ 08—11

上海市工程建设规范

现有建筑抗震鉴定与加固标准

DGJ 08—81—2021
J 10016—2020

条 文 说 明

2021 上海

目　次

1　总　则 ……………………………………………………… 193
2　术语和符号 …………………………………………………… 197
　2.1　术　语……………………………………………………… 197
3　基本规定 ……………………………………………………… 198
　3.1　抗震鉴定…………………………………………………… 198
　3.2　抗震加固…………………………………………………… 203
4　场地、地基和基础鉴定 ………………………………………… 206
　4.1　一般规定…………………………………………………… 206
　4.2　地基基础的静载缺陷……………………………………… 207
　4.3　地基液化的影响…………………………………………… 208
　4.4　抗震承载力的验算………………………………………… 208
5　多层砌体房屋鉴定 …………………………………………… 211
　5.1　一般规定…………………………………………………… 211
　5.2　A类砌体房屋抗震鉴定…………………………………… 212
　5.3　B类砌体房屋抗震鉴定 …………………………………… 214
6　多层及高层钢筋混凝土房屋鉴定 …………………………… 216
　6.1　一般规定…………………………………………………… 216
　6.2　A类钢筋混凝土房屋抗震鉴定…………………………… 217
　6.3　B类钢筋混凝土房屋抗震鉴定 …………………………… 219
7　内框架和底层框架砖房鉴定 ………………………………… 221
　7.1　一般规定…………………………………………………… 221
　7.2　A类内框架和底层框架砖房抗震鉴定…………………… 222
　7.3　B类内框架和底层框架砖房抗震鉴定 …………………… 223

8 单层钢筋混凝土柱厂房鉴定 …………………………… 225
8.1 一般规定…………………………………………… 225
8.2 A类单层钢筋混凝土柱厂房抗震鉴定……………… 226
8.3 B类单层钢筋混凝土柱厂房抗震鉴定 ……………… 229
9 单层砖柱厂房鉴定 ………………………………… 231
9.1 一般规定…………………………………………… 231
9.2 A类单层砖柱厂房抗震鉴定………………………… 232
9.3 B类单层砖柱厂房抗震鉴定 ………………………… 233
10 单层空旷房屋鉴定 ……………………………… 234
10.1 一般规定………………………………………… 234
10.2 A类单层空旷房屋抗震鉴定……………………… 235
10.3 B类单层空旷房屋抗震鉴定 ……………………… 236
11 木结构房屋鉴定 ………………………………… 237
11.1 一般规定………………………………………… 237
11.2 A类房屋抗震鉴定………………………………… 237
11.3 B类房屋抗震鉴定 ………………………………… 238
12 烟囱和水塔鉴定 ………………………………… 239
12.1 烟 囱…………………………………………… 239
12.2 水 塔…………………………………………… 239
13 优秀历史建筑鉴定 ……………………………… 241
13.1 一般规定………………………………………… 241
13.2 抗震措施鉴定…………………………………… 242
13.3 抗震承载力验算………………………………… 242
14 改建、扩建和加层建筑鉴定 ……………………… 243
15 地基和基础加固 ………………………………… 246
15.1 一般规定………………………………………… 246
15.2 地基基础的加固措施…………………………… 246
16 砌体结构加固 …………………………………… 248
16.1 一般规定………………………………………… 248

16.2 加固方法…… 249
16.3 加固设计及施工…… 249
17 钢筋混凝土结构加固 …… 254
17.1 一般规定…… 254
17.2 加固方法…… 255
17.3 加固设计及施工…… 257
18 木结构加固 …… 262
18.1 一般规定…… 262
18.2 加固方法…… 262
19 烟囱和水塔加固 …… 264
19.1 烟囱加固…… 264
19.2 水塔加固…… 264
20 基础隔震和消能减震加固方法 …… 266
20.1 一般规定…… 266
20.2 基础隔震加固设计要点…… 267
20.3 消能减震加固设计要点…… 267
20.4 连接构造…… 269
20.5 施工要求…… 270

Contents

1 General provisions ······ 193
2 Terms and symbols ······ 197
2.1 Terms ······ 197
3 Basic requirements ······ 198
3.1 Seismic appraisal ······ 198
3.2 Seismic strengthening ······ 203
4 Appraisal of site, soil and foundation ······ 206
4.1 General requirements ······ 206
4.2 Static load defects of soil and foundation ······ 207
4.3 Influence of soil liquefaction ······ 208
4.4 Checking for seismic bearing capacity ······ 208
5 Appraisal of multi-story masonry buildings ······ 211
5.1 General requirements ······ 211
5.2 Seismic appraisal of category A buildings ······ 212
5.3 Seismic appraisal of category B buildings ······ 214
6 Appraisal of multi-story and tall reinforced concrete buildings ······ 216
6.1 General requirements ······ 216
6.2 Seismic appraisal of category A buildings ······ 217
6.3 Seismic appraisal of category B buildings ······ 219
7 Appraisal of multi-story brick buildings with bottom-frame or inner-frame ······ 221
7.1 Geneal requirements ······ 221
7.2 Seismic appraisal of category A buildings ······ 222

7.3 Seismic appraisal of category B buildings ………… 223
8 Appraisal of single-story factory buildings with reinforced concrete columns ……………………………………………… 225
8.1 General requirements ……………………………… 225
8.2 Seismic appraisal of category A buildings ……… 226
8.3 Seismic appraisal of category B buildings ………… 229
9 Appraisal of single-story factory buildings with brick columns ……………………………………………………… 231
9.1 General requirements ……………………………… 231
9.2 Seismic appraisal of category A buildings ……… 232
9.3 Seismic appraisal of category B buildings ………… 233
10 Appraisal of single-story spacious buildings ………… 234
10.1 General requirements ……………………………… 234
10.2 Seismic appraisal of category A buildings …… 235
10.3 Seismic appraisal of category B buildings ……… 236
11 Appraisal of timber buildings ………………………… 237
11.1 General requirements ……………………………… 237
11.2 Seismic appraisal of category A buildings …… 237
11.3 Seismic appraisal of category B buildings ……… 238
12 Appraisal of chimneys and water towers ……………… 239
12.1 Chimneys ……………………………………………… 239
12.2 Water towers ………………………………………… 239
13 Appraisal of excellent historical buildings …………… 241
13.1 General requirements ……………………………… 241
13.2 Appraisal of seismic measures ………………… 242
13.3 Checking for seismic bearing capacity ………… 242
14 Appraisal of reconstruction, extension and story-adding buildings ……………………………………………………… 243
15 Strengthening of soil and foundation ………………… 246

15.1 General requirements 246
15.2 Strengthening measures of soil and foundation 246
16 Strengthening of masonry structures 248
16.1 General requirements 248
16.2 Strengthening methods 249
16.3 Strengthening design and construction 249
17 Strengthening of reinforced concrete structures 254
17.1 General requirements 254
17.2 Strengthening methods 255
17.3 Strengthening design and construction 257
18 Strengthening of timber structures 262
18.1 General requirements 262
18.2 Strengthening methods 262
19 Strengthening of chimneys and water towers 264
19.1 Strengthening of chimneys 264
19.2 Strengthening of water towers 264
20 Strengthening methods of foundation isolation and energy-dissipation 266
20.1 General requirements 266
20.2 Essentials in design of foundation isolation 267
20.3 Essentials in design of energy-dissipation 267
20.4 Connection structures 269
20.5 Requirements for construction 270

1 总 则

1.0.1 地震中建筑物的破坏是造成地震灾害损失的主要因素。现有建筑相当一部分未考虑抗震设防，有些虽然考虑了抗震，但与新的地震动参数区划图等的规定相比，并不能满足相应的设防要求。1977 年以来建筑抗震鉴定、加固的实践和震害经验表明，对现有建筑进行抗震鉴定，并对不满足鉴定要求的建筑采取适当的抗震加固对策，是减轻地震灾害的重要途径。

本标准所述的现有建筑，是指除古建筑、新建建筑、危险建筑之外的已建成或部分建成的结构体。

1.0.2 现行国家抗震设计规范对上海地区地震区划的设防烈度全部为 7 度，但甲类建筑或特殊建筑可能需要提高设防烈度，即按基本烈度 8 度抗震设防，因此，本标准抗震设防烈度包括 7 度和 8 度。对丁类建筑，抗震措施允许按 6 度核查，因此，本标准相关章节保留了 6 度时的抗震措施要求。

由于在建建筑应符合设计规范要求，古建筑及属于文物的建筑有专门要求，危险房屋不能正常使用等，因此，本标准的现有建筑抗震鉴定和加固设计，不包括古建筑及属于文物的建筑，也不包括在建建筑和危险房屋。属于文物的建筑、在建建筑、危险房屋和行业有特殊要求的建筑，应按专门的规定进行抗震鉴定和加固设计。

本标准抗震加固的适用范围与抗震鉴定相协调，即抗震设防不符合抗震鉴定要求而需要加固的现有建筑。

1.0.3 本条是根据国家标准《建筑抗震鉴定标准》GB 50023—2009 的第 1.0.3 条(强制性条文)和行业标准《建筑抗震加固技术规程》JGJ 116—2009 第 1.0.4 条(强制性条文)编制的。本标准中的甲类、乙类、丙类和丁类建筑，分别为现行国家标准《建筑工程抗震设防分类标准》GB 50223 中特殊设防类、重点设防类、标准设防类和适度设防类的简称。

现有建筑进行抗震鉴定和抗震加固时，根据建筑的重要性按现行国家标准《建筑工程抗震设防分类标准》GB 50223 确定，分为四类。丙类（标准设防类）建筑属于一般房屋建筑，乙类（重点设防类）建筑是需要比一般建筑提高设防要求的建筑；甲类（特殊设防类）建筑的抗震鉴定要求需要专门研究，抗震措施不低于乙类，地震作用高于乙类。

1.0.4，1.0.5 按照国务院《建筑工程质量管理条例》的规定，结构设计必须明确其合理使用年限。同样，对于抗震鉴定和加固设计，也应明确其合理使用年限，即合理的后续使用年限。由于《建筑抗震鉴定标准》GB 50023—95（简称 95 版抗震鉴定标准）、《建筑抗震设计规范》GBJ 11—89（简称 89 版抗震设计规范）和《建筑抗震设计规范》GB 50011—2001（简称 2001 版抗震设计规范）大体上分别与设计基准期 30 年、40 年和 50 年具有相同的保证概率，因此，将鉴定房屋根据不同建造年代确定其后续使用年限：后续使用年限 30 年的房屋（简称 A 类建筑），通常指在 89 版抗震设计规范执行之前建筑的房屋，其鉴定要求基本保持 95 版抗震鉴定标准的规定，但对乙类设防建筑应有明显提高；后续使用年限 40 年的房屋（简称 B 类建筑），通常指按 89 版抗震设计规范设计的房屋，其鉴定要求基本按 89 版抗震设计规范的规定；后续使用年限 50 年的房屋（简称 C 类建筑），指按 2001 版抗震设计规范设计的房屋，其鉴定要求按现行抗震设计规范的规定执行。

因此，按本标准进行抗震鉴定并加固后的建筑或符合本标准要求不需加固的建筑，在遭遇到相当于上海地区抗震设防烈度的地震影响时，后续使用年限 50 年的建筑，具有与现行上海市工程建设规范《建筑抗震设计标准》DGJ 08—9 相同的设防目标；后续使用年限少于 50 年的建筑，其损坏程度略大于后续使用年限

50 年的建筑。

1.0.6 本标准规定了需要进行抗震鉴定的房屋建筑的主要范围。

其中第 3 款中的改变结构用途，主要是指使用功能的改变，如工业建筑和民用建筑之间的功能改变，民用建筑中商业、办公和住宅之间的功能改变等。

第 4 款中的需要进行结构改造的建筑，主要指对现有建筑结构进行上部加层、内部插层、平面扩建、主体结构改造等。对于当前常见的砌体结构住宅建筑外部增设垂直电梯的改造，若不涉及原房屋主体结构本身的改造和加固，本标准定义为可不属于“平面扩建”改造，可不要求对原房屋结构进行抗震鉴定。但新增电梯不应明显增加原结构的竖向荷载，且新增结构应满足现行国家和上海市的设计标准要求。

当前期进行的抗震鉴定条件在后续实际操作中有明显改变时，则必须进行补充鉴定，或重新进行抗震鉴定。

1.0.7 本条是根据行业标准《建筑抗震加固技术规程》JGJ 116—2009 第 1.0.3 条(强制性条文)编制的，但增加了“经抗震鉴定需要加固时，则必须进行加固”的要求。

本条规定了抗震加固的前提是抗震鉴定，鉴定与加固应前后连续，才能保证抗震加固取得最佳效果；否则，抗震加固缺乏依据，成为盲目加固。现有建筑结构是否需要加固，应根据抗震鉴定的结果确定。必须进行加固的结构是指抗震措施或抗震承载力明显不满足抗震标准的要求，必须采取加固措施的结构。

1.0.8 本条为强制性条文，是根据行业标准《建筑抗震加固技术规程》JGJ 116—2009 第 1.0.1 条编制的，规定了抗震加固设计的最低要求，即不应低于抗震鉴定的设防水平。

1.0.9 加层、插层、扩建建筑的安全等级应高于抗震鉴定对 A 类、B 类房屋的要求，因此，需要按现行上海市工程建设规范《建筑抗震设计标准》DGJ 08—9 采取抗震措施和进行抗震验算，即按本标准 C 类房屋的标准进行抗震鉴定和加固。

1.0.10 建筑抗震鉴定的有关规定，主要包括：①抗震主管部门发布的有关通知；②危险房屋鉴定标准、工业厂房可靠性鉴定标准、民用房屋可靠性鉴定标准等；③现行建筑结构设计规范中关于建筑结构设计统一标准的原则、术语和符号的规定、静力设计的荷载取值、材料性能计算指标等。

本标准仅对现有建筑抗震加固设计及施工的重点问题和特殊要求作了具体规定。对未给出的具体规定而涉及其他设计和施工规范、规定时，尚应符合相应规范、规定要求；新增的材料性能和施工质量应符合国家有关产品标准和施工质量验收规范的要求。

2 术语和符号

2.1 术 语

2.1.2 后续使用年限既是对现有建筑继续使用所约定的一个时期，也是对现有建筑所设定的抗震设防标准：后续使用年限30年的房屋，要求满足《建筑抗震鉴定标准》GB 50023—95（简称95版抗震鉴定标准）的规定；后续使用年限40年的房屋，要求满足《建筑抗震设计规范》GBJ 11—89（简称89版抗震设计规范）的规定；后续使用年限50年的房屋，要求基本满足现行国家标准《建筑抗震设计规范》GB 50011的规定。

3 基本规定

3.1 抗震鉴定

3.1.1 本条是根据国家标准《建筑抗震鉴定标准》GB 50023—2009 的第 3.0.1 条(强制性条文)编制的,规定了抗震鉴定的基本步骤和内容:搜集原始资料,进行建筑现状的现场调查,进行综合抗震能力的逐级筛选分析,以及对建筑的整体抗震性能作出评定结论并提出处理意见。考虑到不同后续使用年限抗震鉴定结果的不同,抗震鉴定结论中必须明确后续使用年限。

当需要鉴定的现有建筑的资料无法收集到时,除补充勘查和实测外,尚应了解该建筑的建造时间和使用历史,以便从上海营造历史的发展中大致了解该建筑物的情况。

3.1.2 本条规定了区别对待的鉴定要求。除了建筑类别(甲、乙、丙、丁)和设防烈度(6 度、7 度、8 度)的区别外,强调了下列三个区别对待,使鉴定工作有更强的针对性:

1) 现有建筑中,要区别结构类型;

2) 同一结构中,要区别检查和鉴定的重点部位与一般部位;

3) 综合评定时,要区别各构件(部位)对结构抗震性能的整体影响与局部影响。

3.1.3 鉴于目前结构通用设计分析软件的普遍应用,上海地区近年来的抗震鉴定通常做法是:无论是 A 类建筑还是 B 类建筑,均同时检查房屋结构的抗震措施和验算其抗震承载力,再针对不足提出加固处理意见或方案。因此,本标准抗震鉴定要求同时复核房屋的抗震措施和现有抗震承载力,不再采用两级鉴定做法。但考虑到A类建筑抗震设防要求相对较低，为与国家标准《建筑抗震鉴定标准》GB 50023—2009衔接，允许在宏观结构体系和局部构造措施各项要求均满足的情况下不再进行结构承载力验算，并评定为满足抗震鉴定要求。

综合考虑抗震措施和抗震承载力，当结构的承载力较高时，可适当放宽某些构造要求；或当抗震构造良好时，承载力的要求可酌情降低。这种鉴定方法，将抗震构造要求和抗震承载力验算要求更紧密地联合在一起，具体体现了结构抗震能力是承载能力和变形能力两个因素的有机结合。

对于A类和B类建筑，当原房屋抗震措施不满足要求时，可以采用构造影响系数(体系影响系数和局部影响系数)对结构抗震能力进行打折，综合评定其抗震能力。但对于C类建筑，本标准未给出具体鉴定方法，要求满足现行上海市工程建设规范《建筑抗震设计标准》DGJ 08—9的要求。而实际工程中，往往遇到部分抗震措施不满足现行标准现场，又不具备加固条件的情况。这种情况下，可通过提高地震作用和限制结构变形的方法进行整体结构抗震分析，验算结构构件的承载能力，也允许进行局部加固处理。

对于C类建筑，实际工程中，多数情况会遇到鉴定的建筑虽不满足现行抗震设计标准对抗震措施的要求，但能满足上海市工程建设规范《建筑抗震设计标准》DGJ 08—9—2003。对于这种情况，可认为满足抗震鉴定中的抗震措施要求。

主要抗侧力构件：对混凝土结构，指抗震墙，框架柱和框架梁；对砌体结构，指抗震墙。

3.1.4，3.1.5 此两条与国家标准《建筑抗震鉴定标准》GB 50023—2009第3.0.4条基本一致，但增加了同一建筑多个结构单元之间净距的检查。其中，第3.1.4条是GB 50023—2009第3.0.4条中的强制性部分，必须严格执行。

当结构竖向构件上下不连续或刚度沿高度分布有突变时，应找出薄弱部位并按现行上海市工程建设规范《建筑抗震设计标准》DGJ 08—9 的要求鉴定。当房屋有错层或不同类型结构体系相连时，应按现行上海市工程建设规范《建筑抗震设计标准》DGJ 08—9，提高其相应部位的抗震鉴定要求。

此两条的规定，主要从房屋高度、平立面和墙体布置、结构体系、构件变形能力、连接的可靠性、非结构构件的影响和场地、地基等方面，概括了抗震鉴定时宏观控制的概念性要求，即检查现有建筑是否存在影响其抗震性能的不利因素。

上海地区建筑场地的不利地段，主要指不稳定场地，如岸边、边坡的边缘、故河道、暗埋的塘、浜、沟等处。

3.1.6 本条给出了抗震承载力验算方法，与现行抗震设计规范的方法相同，但地震作用需要根据房屋的后续使用年限进行折减。根据相关研究成果，设计基准期 30 年和 40 年的地震作用，与基准期 50 年的地震作用相比，折减关系基本见表 1。

表 1 不同设计基准期时地震作用折减系数

基准期	小震	中震	大震
50 年	1.00	1.00	1.00
40 年	0.88	0.92	0.92
30 年	0.75	0.82	0.84

因此，对于后续使用年限为 30 年的房屋（A 类建筑），取折减系数 0.8；对于后续使用年限为 40 年的房屋（B 类建筑），取折减系数 0.9；而后续使用年限为 50 年的房屋（C 类建筑），地震作用与现行设计规范取值相同。

根据综合抗震能力评定方法，结构抗震性能分析需同时考虑抗震措施和抗震承载力。本标准通过量化了的体系影响系数 ψ_1 和局部影响系数 ψ_2，根据抗震措施的符合程度对构件承载力进行折减后，再验算其是否满足要求：

$$S \leqslant \psi_1 \psi_2 R / \gamma_{RE}$$

其中，R 为结构构件承载力设计值；γ_{RE} 为承载力抗震调整系数，按现行设计规范取值；对 A 类和 B 类建筑，与 C 类建筑相同，其材料设计指标和承载力验算等均采用现行规范系列的设计参数，内力调整系数按本标准各章规定采用。由于材料的更新和发展，对于现行规范未提供（已淘汰）的材料的设计指标，可参考相应规范的上一版本采用。

关于作用分项系数，现行国家标准《建筑结构可靠性设计统一标准》GB 50068 是 2019 年 4 月 1 日开始实施的。原则上，在这之前设计、建造的既有建筑，抗震鉴定时其作用分项系数仍按上一版本考虑。

3.1.7 本条规定了针对现有建筑存在的不利因素，对有关的鉴定要求予以适当调整的方法。

对建在复杂地形、不均匀地基上的建筑以及同一单元存在不同类型基础时，应考虑地震影响复杂和地基整体性不足等的不利影响。这类建筑要求上部结构的整体性更强一些，或抗震承载力有较大富余。一般可根据建筑实际情况，将部分抗震构造措施的鉴定要求提高一度考虑，例如增加地基梁尺寸、配筋和增加圈梁数量、配筋等的鉴定要求。

对密集建筑群中的建筑，例如市内繁华商业区的沿街建筑，房屋之间的距离小于 8 m 或小于建筑高度一半的居民住宅等，根据实际情况对较高建筑的相关部分，以及抗震缝两侧的房屋（或单体）的局部区域，构造措施按提高一度考虑。

3.1.8 所谓符合抗震鉴定要求，即达到本标准第 1.0.1 条规定的目标。对不符合抗震鉴定要求的建筑，提出了四种处理对策。

维修：指综合维修处理。适用于少数、次要部位局部不符合鉴定要求的情况。

加固：指有加固价值的建筑。大致包括：①无地震作用时能正常使用；②建筑虽已存在质量问题，但能通过抗震加固使其达到要求;③建筑因使用年限已久或其他原因(如腐蚀等),抗侧力体系承载力降低,但楼盖或支撑系统尚可利用;④建筑各局部缺陷尚多,但易于加固或能够加固。

改造:指改变使用功能。包括将生产车间、公共建筑改为不引起次生灾害的仓库,将使用荷载大的多层房屋改为使用荷载小的次要房屋等。改变使用性质后的建筑,仍应采取适当的加固措施,以达到该类建筑的抗震要求。

更新:指无加固价值而仍需使用的建筑或在计划中近期要拆迁的不符合鉴定要求的建筑,需采取应急措施。如,在单层房屋内设防护支架;烟囱、水塔周围划为危险区;拆除装饰物、危险物及卸载等。

3.1.9 高度超过本标准规定的现有建筑,即"超限建筑",抗震要求应相应提高;本标准未给出钢结构和特种结构(除烟囱和水塔外)的具体抗震鉴定方法;优秀历史建筑(指上海市颁布的"优秀历史建筑")往往由于"保护"的限制而影响抗震要求的提高,增加了达到规定的抗震设防要求的难度;加层、改建、扩建等结构改造工程,往往原有结构部分的抗震措施即使进行加固处理仍不能满足相应要求;复杂结构的改造加固或改造加固较为复杂的结构等,抗震鉴定和处理方法也相应重要和复杂。因此,这类建筑的抗震鉴定和加固应予以特殊关注。

近年来,上海地区的通常做法是组织专家论证,起到了很好的效果。因此,要求在基本完成抗震鉴定后,对抗震鉴定方法和鉴定结果,以及后续的抗震加固处理措施进行论证。

钢结构抗震鉴定方法可参考现行国家标准《高耸与复杂钢结构检测与鉴定标准》GB 51008 中的相应方法,钢结构加固方法可参考现行协会标准《钢结构加固技术规范》CECS 77 提供的方法;特种结构抗震鉴定方法可参考现行国家标准《构筑物抗震鉴定标准》GB 50117 的方法。

3.2 抗震加固

3.2.1 为使抗震设计与施工顺利开展，确保抗震加固工程质量，需要严格遵循现行建设程序进行加固工作。

3.2.2 本条是根据行业标准《建筑抗震加固技术规程》JGJ 116—2009 第 3.0.1 条（强制性条文）第 1 款编制的。抗震鉴定结果是抗震加固设计的主要依据，但在加固设计之前，仍应对建筑的现状进行深入的调查，特别查明是否存在局部损伤等情况。结合房屋结构特点、抗震鉴定结果、损伤情况、改造要求以及房屋使用情况等，在保证加固效果和经济性的前提下，尽量减少加固工作量和由于加固施工对生活和生产的影响，分别采用整体加固、区段加固或构件加固，提高结构的抗震措施、抗震承载力与变形能力，同时还应通过加固消除结构的薄弱部位与易倒塌部位。

3.2.3 结构的加固应尽量考虑其综合经济效果，尽可能做到在不停产或少影响居民生活条件下加固；尽量不损伤原结构和减少构件拆除，经验算其承载力基本满足现行规范要求的，可以保留使用，尽可能避免给国家和居民造成不必要的经济损失。

地基基础加固往往工程量大，费用高，影响范围也大。在能保证加固效果的前提下，应尽量避免地基基础加固而采用通过上部结构加固的手段，间接解决地基基础问题。

3.2.4 结构抗震加固应选择合理的结构布置方案，避免加固后的结构产生新的抗震问题。当原结构体系和布置明显不合理时，可采取调整结构质量分布和刚度分布（如增设构件等）尽量予以解决；否则，需采取同时提高承载力和变形能力的方法使其满足抗震鉴定要求。

3.2.5 本条第 1～3 款是根据行业标准《建筑抗震加固技术规程》JGJ 116—2009 第 3.0.3 条（强制性条文）第 2 款第 1、3 项和第 3 款内容编制的。加固结构可以按下列原则进行承载力验算：

1 结构计算模型应符合加固后结构的实际受力情况，根据结构上的实际荷载、构件加固后的尺寸和支承情况、边界条件、传力途径等实际受力情况确定。抗震鉴定的计算结果仅作为加固设计的参考，不能直接作为加固设计的依据。加固设计必须根据“加固后”的结构的实际情况确定计算模型。若前期进行的抗震鉴定条件在后续加固设计中有明显改变时，尚须进行补充鉴定，或重新进行抗震鉴定。

2 结构的验算截面积，应考虑结构的损伤、缺陷、腐蚀和钢筋的锈蚀等不利影响，按结构的实际有效截面积进行验算，并应考虑结构加固部分应变滞后情况，即新混凝土的应变值小于原构件的应变值，随着荷载的增加两者的应变值差距将逐渐减小。因此，需要考虑加固部件与原构件协同工作的程度，对总的承载力应予以适当折减。

3 当结构重量的增加值大于结构上荷载总和的10%时，除应验算上部相关结构的承载力外，尚应对建筑物的地基基础进行验算。

3.2.6 按现行设计规范的方法进行加固结构的抗震验算时，应计入加固后仍存在的构造影响，引入体系影响系数 ψ_{1s} 和局部影响系数 ψ_{2s} 进行构件承载力的验算：

$$S \leqslant \psi_{1s}\psi_{2s}R_s/\gamma_{RE}$$

其中，R_s 为加固后计入应变滞后等的构件承载力设计值；γ_{RE} 为承载力抗震调整系数。加固技术上确有困难时，主要抗侧力构件可降低5%以内，次要抗侧力构件可降低10%以内。

3.2.9 本条是根据行业标准《建筑抗震加固技术规程》JGJ 116—2009第3.0.6条(强制性条文)第2款编制的。抗震鉴定时，往往受到现场条件限制无法对原结构进行彻底和全面调查、检测，原结构或某些隐蔽部位的缺陷容易被忽略。在现场加固施工过程中，若发现这些缺陷时，必须会同加固设计部门进行处理，然后方可后续施工。

实际工程中还常有由于施工过程中临时拆除引起原结构局部稳定、构件承载力不足等情况，需要施工与设计应密切配合，杜绝施工过程中的工程隐患。

3.2.10 本条是根据行业标准《建筑抗震加固技术规程》JGJ 116—2009 第 3.0.6 条(强制性条文)第 3 款编制的，增加了失稳检查的内容。加固施工前的临时性局部拆除，或加固施工过程中某些不可避免地对原结构构件(包括基础)产生的临时性损伤或振动等，都会引起原结构的不良反应，必须预先进行认真分析和准备。若可能引起原结构倾斜、失稳、开裂或倒塌等安全隐患，则在加固施工前必须预先采取安全措施。

3.2.12 各种加固方法和材料寿命不同，结构加固时尽量采用相对耐久的方法。如：对混凝土结构，增设抗震墙加固法、钢筋混凝土套加固法、增设支撑加固法等；对砌体结构，增设抗震墙加固法、外加圈梁和钢筋混凝土柱加固法、钢筋网水泥砂浆面层加固法、外加钢筋混凝土面层加固法、增设钢托架加固法等。加固所用材料，尽量选用无机类材料，少用有机类材料。采用基础隔震和效能减震加固方法，也应考虑其使用寿命，而且可考虑更换方便的方法。对使用化学胶粘方法或掺有聚合物加固的结构、构件，应避免室外环境，并应定期检查其工作状态。

3.2.13 现有建筑经抗震鉴定和抗震加固符合本标准要求后，不得随意改变其使用用途和使用环境。如需改变，必须经原鉴定或设计单位认可，或重新进行抗震鉴定。

4 场地、地基和基础鉴定

4.1 一般规定

4.1.1 本条明确了上海地区的建筑场地大部分为Ⅳ类场地。

4.1.2 岩土失稳造成的灾害波及面广，对建筑物危害的严重性也往往较重。其上的建筑与生命线工程，如甲类建筑和乙类建筑，由于其特殊重要性，应进行专门研究。原有暗埋的塘、浜、沟，应视场地建设时的处理情况以判别对场地稳定的实际影响。

现行国家标准《建筑抗震设计规范》GB 50011 对建筑场地划分为有利、一般、不利和危险四种地段类型。上海地区建筑场地的不利地段，主要指不稳定的岸边、边坡的边缘、故河道、暗埋的塘、浜、沟等处场地。应视场地建设时的处理情况，判别对场地稳定的实际影响。

4.1.4 本条列举了因地基不均匀沉降引起的上部房屋开裂受损的一些情况，可作为判别建筑物基础工作现状时的参考。

4.1.5 对需要进行安全检测和抗震鉴定的地基基础，若缺失地质勘查资料时，需予以补充。考虑到上海地区地质条件不是很复杂，相邻区域土层变化不是很大，在现场确实不具备补充勘察条件时，也可适当参考相邻工程的地质勘察资料。对基础损伤状况和材料强度进行检测时，可进行局部开挖。要确定地基承载力，还可进行现场载荷试验。

4.1.6 本标准按照 A 类、B 类和 C 类不同类别的建筑对上部房屋结构抗震鉴定时，分别采取了不同的标准。但由于地基基础的特殊性，在对 A 类、B 类房屋进行地基基础抗震鉴定时，A 类、B 类建筑采用的鉴定原则和方法基本相同，不作区别；而C类建筑，则应按抗震设计规范的标准严格执行。

4.1.7 本条是参照了国家标准《建筑抗震鉴定标准》GB 50023—2009第4.2.2条的规定，并根据上海地基土的特点，在地基基础现状无严重静载缺陷，且地基主要受力层范围不会产生液化情况时，规定可以不进行地基基础的抗震鉴定，以简化抗震鉴定的工作。

所谓静载缺陷，是指在地震发生以前，地基基础在静态受力作用下已发生本标准第4.2.2条所列损坏现象的地基基础。

4.2 地基基础的静载缺陷

4.2.1 上部建筑物的沉降观测资料和结构开裂损坏情况，可相当程度反映建筑物基础的工作性状，用以大致判断地基基础安全状况。

4.2.2 本条给出了地基基础有严重静载缺陷的几种情况。主要参考了现行行业标准《危险房屋鉴定标准》JGJ 125中关于地基危险性和基础构件危险性评定指标取值的。本标准判定地基基础的“缺陷”性相当于JGJ 125中的“危险”性，故二者是相协调的。

第2款中关于沉降量的取值，由于地基的沉降值、沉降速率以及侧向水平位移的量值和速率均反映了地基基础的实际工作状况，在缺乏足够资料的情况下，本条规定的基础中心最大沉降量和最大沉降差的控制值参考了现行上海市工程建设规范《地基基础设计标准》DGJ 08—11中规定的允许值。实际上，该标准规定的允许值是适用于结构设计，而对抗震鉴定而言，此标准属于偏严：如满足要求，则无静载缺陷；但如不满足要求，也不一定就归于严重静载缺陷。例如，有些工程虽然地基的沉降值很大，但属于均匀沉降，则对房屋的安全影响不大。但尽管如此，由于沉降量明显偏大，说明地基基础还是有缺陷的。综上，基础中心最大沉降量的控制值放宽至现行上海市工程建设规范《地基基础设计标准》DGJ 08—11 规定限值的 1.5 倍。

关于房屋最大沉降差或倾斜率的控制限值宜取 5‰～10‰，根据现行行业标准《危险房屋鉴定标准》JGJ 125，对于多层建筑取 10‰；对于高层建筑，房屋高度在 24 m～60 m 范围取 7‰，房屋高度在 60 m～100 m 范围取 5‰。

第 4、5 款：在结构设计时，结构抗力理所当然不应小于结构的荷载效应。但考虑到上海地区地基承载力的确定一般是按变形条件控制，就强度而言有一定的安全余量，对房屋进行地基承载力验算和鉴定时，可适当考虑此因素，故名义上的抗力和荷载效应比例的控制值应适当放宽。另外，基础结构设计时考虑了材料强度分项系数和荷载效应分项系数，一般有一定的安全余量。已建房屋的材料强度和荷载变化的离散性相对比未建房屋应该要小，尤其是已建房屋的基础结构已经经过了一定使用年限的考验，故在对已建房屋鉴定的验算时也可放宽其控制值。

静力验算时，可以考虑地基土因长期压密承载力提高的影响。

4.3 地基液化的影响

4.3.1 地基液化会严重影响地基基础的抗震承载力，但对房屋鉴定时应尽可能利用原有的地质勘察资料，先初步判别是否液化；若不能确定为非液化土时，才须进行第二级判别。判别依据同现行上海市工程建设规范《建筑抗震设计标准》DGJ 08—9 相关规定。

4.4 抗震承载力的验算

4.4.1 本条基本上采用了上海市工程建设规范《建筑抗震设计标

准》DGJ 08—9—2013 第 4.3.1 条不进行抗震强度验算的条件。考虑到上海的软土地基不可避免含有淤泥质土，如果一旦含有淤泥质土就必须进行抗震强度验算，那么本条规定就毫无意义。因此，与国家和上海市工程建设规范不同，条文中关于天然地基上浅基础的判别条件中删去了“淤泥质土”的提法。

4.4.2 本条根据经验给出了地基土长期压密对提高承载力的影响。大量工作实践和专门试验表明，已有建筑的压密作用使地基土的孔隙比和含水量减小，可使地基承载力提高 20%以上。当基底容许承载力没有用足时，压密作用相应减少。表 4.4.2-1 根据压密时间和地基压密所受到的应力大小，给出了长期压密静承载力提高系数。考虑到上海地区浅基础持力层大部分为黏性土，少量为粉土或砂性土，且不同土性固结后承载力增加幅度的差异的积累资料很少，故本标准未进一步细分不同土性的提高系数。考虑到上海软土地层的固结压密时间较长，给出的压密时间控制值要大于现行国家标准《建筑抗震鉴定标准》GB 50023 的有关规定。

在进行地基承载力抗震验算时，应考虑瞬时荷载作用下材料强度的提高和可靠度指标的适当降低。表 4.4.2-2 中给出的地基承载力抗震综合调整系数，与上海市的抗震设计标准规定的值有所不同。鉴于抗震鉴定的可靠度要求可比抗震设计一定程度的降低，又考虑到上海软土地基桩基通常以变形控制，就短期强度而言应有较大的余量，抗震验算时适当降低安全度是合理的。故根据土性和房屋类别给出了地基承载力抗震综合调整系数。本条用“综合调整系数”名称，其中增加了“综合”两字，以表示区别于抗震设计标准中相应的调整系数。

4.4.3 承受水平力为主的天然地基，如柱间支撑的柱基、拱脚等地基。震害及分析证明，刚性地坪可以提供相当的水平抗力，抗震鉴定时可考虑其贡献。根据实验结果，由柱传给地坪的水平力约在 3 倍柱宽范围内分布，因此要求地坪在受力方向的宽度不小于柱宽的 3 倍。但由于刚性地坪(混凝土地坪)与土的变形模量相差较大，二者不在同一时间破坏，故验算时地坪抗力与土抗力不能叠加，可取二者中较大值进行验算。

4.4.4 现行国家抗震设计规范规定：桩基抗震承载力验算时，非液化土的单桩抗震竖向承载力和水平承载力设计值均可按静载提高 25%。调整系数的规定，主要参考国内外资料和相关规范的规定，考虑了地基土在有限次循环动力作用下强度一般较静强度提高和在地震作用下结构可靠度容许有一定程度降低这两个因素。鉴于抗震鉴定的可靠度要求可比抗震设计一定程度的降低，考虑到上海软土地基桩基通常以变形控制以及单桩竖向承载力随时间增加等有利因素，故单桩抗震竖向承载力设计值的提高幅度相应作了调整。如果桩基承载力是由桩身强度控制，则单桩抗震竖向承载力只可按静载提高 25%。

5 多层砌体房屋鉴定

5.1 一般规定

5.1.1 本章适用于黏土砖和混凝土、粉煤灰砌块墙体承重的房屋，并取消了关于9度区的条文。对砂浆砌筑的料石结构房屋，抗震鉴定时也可参考。

本章所适用的房屋层数和高度的规定，依据其后续使用年限的不同，分别在各节中规定。

对于单层砌体结构，当其横墙间距与本章多层砌体结构相当时，可比照本章规定进行抗震鉴定。

5.1.2 本条是根据国家标准《建筑抗震鉴定标准》GB 50023—2009第5.1.2条(强制性条文)编制的，是第3章中概念鉴定在多层砌体房屋的具体化，明确了鉴定时重点检查的主要项目。地震时不同烈度下多层砌体房屋的破坏部位变化不大而程度有显著差别，其检查重点基本上可不按烈度划分。

5.1.4 本条是根据国家标准《建筑抗震鉴定标准》GB 50023—2009第5.1.4条(强制性条文)编制的，明确规定了砌体房屋进行综合抗震能力评定所需要检查的具体项目，并明确抗震性能需通过抗震措施和抗震承载力两方面综合评定。

关于原规程中的两级鉴定，近些年上海的抗震鉴定实践中很少应用，一般都是按抗震设计规范直接进行抗震计算分析，验算构件承载力。鉴于国家标准《建筑抗震鉴定标准》GB 50023—2009对A类建筑进行两级鉴定，对B类建筑直接进行抗震承载力验算，且A类建筑的第二级鉴定也允许按抗震设计规范进行抗震承载力验算，本次修编的本标准不再用两级鉴定方法，A类、B类建筑均按抗震构造措施鉴定和抗震承载力验算两个步骤进行鉴定，但考虑地震作用时应予以区别。另外，考虑到A类建筑抗震要求相对较低，允许在满足抗震措施的前提下，抗震承载力仍可采用横墙间距和房屋宽度的限值进行简化验算。

5.2 A类砌体房屋抗震鉴定

5.2.1 现有房屋的高度和层数是已经存在的，鉴于其对砌体结构的抗震性能十分重要，明确规定适用的高度和层数超过时应要求加以处理。

对于乙类设防的房屋高度和层数的控制，参照现行设计规范的规定，也予以明确。当乙类设防的房屋属于横墙较少时，需比表5.2.1内的数值减少2层和6 m。

需要注意，凡本章的条文没有对乙类设防给出具体规定时，乙类设防的房屋，应根据第本标准第1.0.3条的规定，按提高一度的对应规定进行检查。

5.2.2 结构体系的鉴定，包括刚性和规则性的判别。刚性体系的高宽比和抗震横墙间距限值不同于设计规范的规定，因二者的含义不同。

由于本标准抗震承载力计算中已考虑了上海地区Ⅳ类场地土的特征，因此不再对横墙间距提出更高的要求，即不再要求国家标准《建筑抗震鉴定标准》GB 50023—2009表5.2.2中“对Ⅳ类场地，表内的最大间距值应减少3 m或4 m以内的一开间”。

本次修订，吸取汶川地震的教训，增加了大跨度梁支承结构构件和现浇楼盖的要求。

5.2.3 本条规定的墙体材料实测强度是最低的要求，相当于墙体抗震承载力的最基本的验算。当已经使用的年限较长时，砌体表面的砂浆强度因碳化而明显降低，需采用合适的方法进一步确定其真实的强度。

5.2.4，5.2.5 整体性连接构造的鉴定，包括纵横向抗震墙的交接处、楼(屋)盖及其与墙体的连接处、圈梁布置和构造等的判别。鉴定的要求低于设计规范。丙类建筑对现有房屋构造柱、芯柱的布置不做要求，当有构造柱且其与墙体的连接符合设计规范的要求时，在抗震承载力验算中体系影响系数可取大于1.0的数值。

A类砌体房屋按乙类设防时构造柱、芯柱的要求，因其后续使用年限较少，比B类砌体房屋的要求低些。

其中，将着重检查的内容与一般检查的内容分为两条表达。

另外，振动台试验表明，圈梁对防止楼层发生层间倒塌的作用很大。此外，上海的地基较软弱，现有房屋发生不均匀沉降裂缝的情况较为普遍，强调圈梁现浇并每层设置可大大改善墙体抵抗不均匀沉降和温度伸缩变形能力。规程对构造柱的设置要求与全国规范相同。圈梁与构造柱在墙体的水平与竖直方向连成网格，形成"约束砌体"，这对改善砌体结构的抗震性能是必不可少的。

5.2.6～5.2.8 易引起局部倒塌部位的鉴定包括墙体局部尺寸、楼梯间、悬挑构件、女儿墙、出屋面小烟囱等的判别。基本上与国家标准《建筑抗震鉴定标准》GB 50023—2009 相同。

5.2.9 A类现有砌体房屋抗震承载力验算分两种情况：当抗震措施符合本节各项规定时，可按采用抗震横墙间距和房屋宽度的限值进行简化验算；当抗震措施不满足要求时，应考虑构造的体系影响和局部影响，按现行设计规范的方法进行承载力验算，但设计参数应按本标准第3.1.6条的要求取值。对于第一种情况，当然也可按第二种情况的方法进行承载力计算，此时可不再考虑构造影响。

5.2.10 本条规定了刚性体系房屋抗震承载力验算的简化方法；对非刚性体系房屋抗震承载力的验算，本条规定的简化方法不适用。本标准表5.2.10-1系按底部剪力法取各层质量相等、单位面积重力荷载代表值为12 kN/m^2，且纵横墙开洞的水平面积率分别为50%和25%进行计算并适当取整后得到的。对于乙类设防的房屋,因本条规定属于地震作用和抗震验算,按本标准第1.0.3条的规定,不需要提高一度查表。使用中,需注意:

1 承重横墙间距限值应取本条规定与刚性体系判别表5.2.2二者的较小值;同一楼层内各横墙厚度不同或砂浆强度等级不同时,可相应折算。

2 楼层单位面积重力荷载代表值 g_E 与 12 kN/m^2 相差较多时,表5.2.10-1的数值需除以 $g_E/12$。

3 房屋的宽度,平面有局部突出时,按面积加权平均计算。为了简化,平面内的局部纵墙略去不计。

4 砂浆强度等级为M7.5时,按内插法取值。

5 墙体的门窗洞所占的水平截面面积率 λ_A,横墙与25%或纵墙与50%相差较大时,表5.2.10-1的数值可分别按 $0.25/\lambda_A$ 和 $0.50/\lambda_A$ 换算。

简化验算满足时,可认为抗震承载力满足要求。

5.2.11 本条给出了当抗震措施不满足要求时的抗震承载力计算方法,并给出了体系影响系数和局部影响系数的取值方法。抗震承载力验算时,将确定后的体系影响系数 ψ_1 和局部影响系数 ψ_2 乘以受影响范围的构件的抗力,再与构件荷载效应进行对比。即:式(5.3.14)中的 $f_{vE}A$ 用 $\psi_1\psi_2 f_{vE}A$ 代替。

当单项不符合的程度超过表5.2.11-1内规定或不符合的项目超过3项时,或不符合的程度超过表5.2.11-2内规定时,均视为抗震能力不满足抗震鉴定要求,应采取加固措施予以处理。

5.3 B类砌体房屋抗震鉴定

5.3.1 对B类房屋的层数和高度给出了具体规定。鉴于现有建筑的层数和高度已经存在,对于超高时,应提高其抗震能力。

5.3.3 本条依据89版抗震设计规范中有关结构体系的条文,从鉴定的角度予以归纳、整理而成。吸取汶川地震的教训,同样增加了对大跨度梁制成构件和大跨度楼板用现浇板的检查要求。当不符合时,可采用A类砌体房屋的体系影响系数表示其对结构综合抗震能力的影响。需要注意,按本标准第1.0.3条的规定,乙类设防的砌体房屋,本节第5.3.3~5.3.11条均应按提高一度的要求进行检查。

5.3.5~5.3.9 依据89版抗震设计规范中有关结构整体性连接的条文,从鉴定的角度予以归纳、整理而成。

当不符合时,可采用A类砌体房屋的体系影响系数表示其对结构综合抗震能力的影响。但构造柱的影响,应予以考虑。

其中,重要内容在第5.3.5条中表示。

5.3.10,5.3.11 依据89版抗震设计规范中有关结构易损部位连接的条文,从鉴定的角度予以归纳、整理而成。

当不符合时,可采用A类砌体房屋的局部影响系数表示其对结构综合抗震能力的影响。

吸取汶川地震的教训,对楼梯间的要求单独列出。

5.3.12~5.3.16 按照设计规范的规定,只要求在纵横两个方向分别选择从属面积较大或竖向应力较小的墙段进行截面抗震承载力验算。对于墙体中部有构造柱的情况,参照2001版抗震设计规范的规定,也予以纳入。

基于近年上海的抗震鉴定实践中对PKPM软件的使用情况,加入了对PKPM软件使用过程中的部分参数选择和计算结果调整的规定。

6 多层及高层钢筋混凝土房屋鉴定

6.1 一般规定

6.1.1 我国20世纪80年代以前建造的钢筋混凝土结构(基本属于A类建筑)普遍是10层以下的。框架结构主要是现浇或装配整体式的。

20世纪90年代建造的钢筋混凝土结构(基本属于B类建筑),最大适用高度引用了89版抗震设计规范的规定。结构类型包括框架、框架-抗震墙、抗震墙和部分框支抗震墙,不包括筒体结构。

6.1.2 本条是根据国家标准《建筑抗震鉴定标准》GB 50023—2009第6.1.2条(强制性条文)编制的,是第3章中概念鉴定在多层钢筋混凝土房屋的具体化。根据震害总结,7度时,主体结构基本完好,以女儿墙、填充墙的损坏为主,吸取汶川地震教训,强调了楼梯间的填充墙;8度时,主体结构有破坏且不规则结构等加重震害。据此,本条提出了不同烈度下的主要薄弱环节,作为检查重点。

6.1.4 本条是根据国家标准《建筑抗震鉴定标准》GB 50023—2009第6.1.4条(强制性条文)第一段内容编制的。钢筋混凝土房屋的抗震鉴定,应从结构体系合理性、材料强度、梁柱等构件自身的构造和连接的整体性、填充墙等局部连接构造等方面和构件承载力加以综合评定。本条明确规定了鉴定的项目,并明确抗震性能需通过抗震措施和抗震承载力两方面综合评定,使混凝土结构房屋的鉴定工作规范化。

关于原规程中A类建筑的两级鉴定，近些年上海的抗震鉴定实践中很少应用，一般都是按抗震设计规范直接进行抗震计算分析，验算构件承载力。鉴于国家标准《建筑抗震鉴定标准》GB 50023—2009对A类建筑的第二级鉴定也允许按抗震设计规范进行抗震承载力验算，本标准不再用两级鉴定方法，A、B类建筑均按抗震构造措施鉴定和抗震承载力验算两个步骤进行鉴定，但考虑地震作用时，应予以区别。

6.1.5 本条为新增内容。为防止高层建筑的整体倒塌，现行上海市工程建设规范《建筑抗震设计标准》DGJ 08—9规定，高度十层及十层以上的钢筋混凝土结构应设有地下室。抗震鉴定时，对于未设地下室的现有钢筋混凝土高层建筑，应加强其整体抗倾覆验算。

6.1.6 当框架结构与砌体结构毗邻且共同承重时，砌体部分因侧移刚度大而分担了框架的一部分地震作用，受力状态与单一的砌体结构不同；框架部分也因二者侧移的协调而在连接部位形成附加内力。抗震鉴定时，要适当考虑。

6.2 A类钢筋混凝土房屋抗震鉴定

6.2.1 现有结构体系的鉴定包括节点连接方式、跨数的合理性和规则性的判别。

A类建筑钢筋混凝土框架结构允许为单向框架（即框排架结构），但应同时满足框架方向和非框架方向（排架方向）的抗震设防要求。对于非框架方向，可以采用柱间支撑（包括消能减震支撑）等措施解决其抗震问题。

连接方式主要指刚接和铰接，以及梁底纵筋的锚固。

单跨框架对抗震不利，高度超过三层的乙类设防的混凝土房屋不应为单跨框架。高度不超过三层的乙类设防的单跨框架房屋，应提高其抗震承载力，控制其地震作用下的结构变形，中震下结构处于弹性状态。

房屋的规则性判别，基本同 89 版抗震设计规范，针对现有建筑的情况，增加了无砌体结构相连的要求。

对框架-抗震墙体系，墙体之间楼盖、屋盖长宽比的规定同设计规范；抗侧力黏土砖填充墙的从大间距判别，是 8 度时抗震承载力验算的一种简化方法。

需要注意，按照本标准第 1.0.3 条的要求，对于乙类设防的房屋，本节第 6.2.1～6.2.6 条的规定，凡无明确指明乙类设防的内容，均需按提高一度的规定检查。

6.2.2 本条对材料强度的要求是最低的，直接影响了结构的承载力。

6.2.3，6.2.4 作为简化的抗震承载力验算，要求控制柱截面。框架-抗震墙中抗震墙的构造要求，是参照 89 版抗震设计规范提出的。

6.2.5 本条提出了框架结构与砌体结构混合承重时的部分鉴定要求——山墙与框架梁的连接构造。其他构造按本标准第 6.1.5条规定的原则鉴定。

6.2.6 砌体填充墙等与主体结构连接的鉴定要求，系参照现行抗震设计规范提出的。

6.2.7 本条规定了 A 类现有钢筋混凝土房屋抗震承载力的验算方法，即采用现行设计规范的方法进行抗震计算分析，并考虑抗震措施的影响：采用体系影响系数和局部影响系数对构件承载力进行修正。构造影响系数的取值要根据具体情况确定。

1 体系影响系数只与规则性、箍筋构造和轴压比等有关。

2 当部分构造符合本节要求而部分构造符合非抗震设计要求时，可在 0.8～1.0 之间取值。

3 不符合的程度大或有若干项不符合时，取较小值；对不同烈度鉴定要求相同的项目，烈度高者，该项影响系数取较小值。

4 结构损伤包括因建造年代甚早、混凝土碳化而造成的钢筋锈蚀;损伤和倾斜的修复,通常宜考虑新旧部分不能完全共同发挥效果而取小于1.0的影响系数。

5 局部影响系数只乘以有关的平面框架,即与承重砌体结构相连的平面框架、有填充墙的平面框架或楼屋盖长宽比超过规定时其中部的平面框架。

根据近年来上海地区抗震鉴定与抗震加固工程的通常做法,对于乙类和丙类结构,除进行承载力分析外,均要求进行结构变形验算。本条规定较国家标准《建筑抗震鉴定标准》GB 50023-2009严格,考虑到上海市的重要性和未来发展,这一规定是合理的。

6.3 B类钢筋混凝土房屋抗震鉴定

(Ⅰ)抗震措施鉴定

6.3.1 本条与国家标准《建筑抗震鉴定标准》GB 50023—2009第6.3.1条一致。引用了89版抗震设计规范对抗震等级的规定,属于鉴定时的重要要求。如果原设计的抗震等级与本条的规定不同,则需要严格按新的抗震等级仔细检查现有结构的各项抗震构造,计算的内力调整系数也要仔细核对。

6.3.2 本条依据89版抗震设计规范中有关钢筋混凝土房屋结构布置的规定,从鉴定的角度予以归纳、整理而成。

吸取汶川地震的教训,本次修订,要求单跨框架不得用于乙类设防建筑,还要求对多跨框架,在8度设防时检查“强柱弱梁”的情况。

6.3.3 本条来自89版抗震设计规范中关于材料强度的要求。

6.3.4～6.3.8 依据89版抗震设计规范对梁、柱、墙体配筋的规定,以及钢筋锚固连接的要求,从鉴定的角度予以归纳、整理而成。其中,凡2001版抗震设计规范放松的要求,均按2001版抗震设计规范调整。

6.3.9 本条是89版抗震设计规范中关于填充墙规定的归纳。

（Ⅱ）抗震承载力验算

6.3.10 本条规定了B类现有钢筋混凝土房屋抗震承载力的验算方法，即采用现行设计规范的方法进行抗震计算分析，并考虑抗震措施的影响：采用体系影响系数和局部影响系数对构件承载力进行修正。

根据近年来上海地区抗震鉴定与抗震加固工程的通常做法，对于乙类和丙类结构，除进行承载力分析外，均要求进行结构变形验算。本条规定较国家标准《建筑抗震鉴定标准》GB 50023-2009严格，考虑到上海市的重要性和未来发展，这一规定是合理的。

6.3.11 本条给出B类建筑参照A类建筑进行综合抗震承载能力验算时的体系影响系数。

7 内框架和底层框架砖房鉴定

7.1 一般规定

7.1.1 内框架砖房指内部为框架承重、外部为砖墙承重的房屋，包括内部为单排柱到顶、多排柱到顶的多层内框架房屋，以及仅底层为内框架而上部各层为砖墙的底层内框架房屋。底部框架砌体房屋指底层为框架（包括填充墙框架等）承重而上部各层为砖墙承重的多层房屋。

鉴于这类房屋的抗震能力较差，本次修订，明确这类房屋仅适用于丙类设防的情况。

采用砌块砌体和钢筋混凝土结构混合承重的房屋，尚无鉴定的经验，只能原则上参考。

7.1.2 本条是根据国家标准《建筑抗震鉴定标准》GB 50023—2009 第 7.1.2 条（强制性条文）编制的，是第 3 章中概念鉴定在内框架和底部框架砖房的具体化。根据震害经验总结，内框架和底部框架砌体房屋的震害特征与多层砌体房屋、底层钢筋混凝土房屋不同。本条在内框架砌体房屋和底部框架砌体房屋各自薄弱部位的基础上，增加了相应的内容。

7.1.4 本条是根据国家标准《建筑抗震鉴定标准》GB 50023—2009 第 7.1.4 条（强制性条文）编制的。根据震害经验，内框架和底部框架房屋抗震鉴定的内容与钢筋混凝土、砌体房屋有所不同，但均应从结构体系合理性、材料强度、梁柱墙体等构件自身的构造和连接的整体性、易损易倒的非结构构件的局部连接构造等方面，以及构件承载力方面加以综合评定。本条同样明确规定了鉴定的项目。对于明显影响抗震安全性的问题，如房屋的总高度和底部框架房屋的上下刚度比等，也明确要求在不符合规定时应提出加固或减灾处理。

7.1.5 内框架和底部框架砌体房屋为砖墙和混凝土框架混合承重的结构体系，砌体和框架部分的鉴定方法可将第5章和第6章的方法合并使用。

7.2 A类内框架和底层框架砖房抗震鉴定

7.2.1 本节适用的房屋最大高度及层数较B类房屋略有放宽，主要是依据震害经验并考虑上海地区的现实情况。180 mm墙承重时，只能用于底部框架房屋的上部各层。由于这种墙体稳定性较差，故适用的高度一般降低6 m，层数降低二层。

对于新建工程已经不能采用的早年建造的底层内框架砖房，应通过降低予以更新；暂时仍需使用的，应加固成为底部框架-抗震墙上部砖砌体房屋。

7.2.2 结构体系鉴定时，针对内框架和底部框架砌体房屋的结构特点，要检查底部框架、底层内框架砌体房屋的二层与底层侧移刚度比，以减少地震时的变形集中；要检查多层内框架砌体房屋的窗间墙宽度，宜减轻地震破坏。抗震墙横墙最大间距的规定，不适用于木楼盖的情况。本条强调了底框房屋不得采用单跨框架，底部墙体布置要基本对称，控制框架柱轴压比，多层内框架应布置抗震横墙以及其搁置大梁的砖柱(墙)要采用带扶壁柱墙等要求。

7.2.4 整体性连接鉴定，针对此两类结构的特点，强调了楼盖的整体性、圈梁的布置、大梁与外墙的连接。

7.2.6 A类内框架和底部框架砌体房屋抗震承载力验算分两种情况：当抗震措施符合本节各项规定时，可按采用抗震横墙间距和房屋宽度的限值进行简化验算；当抗震措施不满足要求时，应考虑构造的体系影响和局部影响，按现行设计规范的方法进行承载力验算，但设计参数应按第 3.1.6 条的要求取值。对于第一种情况，也可按第二种情况的方法进行承载力计算，此时可不再考虑构造影响。

7.2.7 本条规定了内框架和底部框架砌体房屋抗震承载力验算的简化方法。结构体系满足要求且整体性连接及易引起倒塌部位都良好的房屋，可类似多层砌体房屋，按横墙间距、房屋宽度和砌筑砂浆强度等级来判断是否满足抗震要求而不进行抗震验算。考虑框架承担了大小不等的地震作用，本条规定的限值与多层砌体房屋有所不同。使用时，尚需注意本标准第 5.2.10 条的说明。

简化验算满足时，可认为抗震承载力满足要求。

7.2.8 本条给出了当抗震措施不满足要求时的抗震承载力计算方法，体系影响系数和局部影响系数参考第 6.2 节方法取值。

7.3 B 类内框架和底层框架砖房抗震鉴定

7.3.1 本条同 89 版抗震设计设计规范关于内框架和底部框架房屋的高度和层数要求一致，需要严格控制。

7.3.2 本条依据 89 版抗震设计规范关于结构体系的规定，加以归纳而成。特别增加了底框不能用单跨框架、严格控制轴压比和加强过渡层等检查要求。

7.3.4 本条依据 89 版抗震设计规范关于结构构件整体性连接的规定，加以归纳而成。

7.3.5～7.3.7 依据 89 版抗震设计规范关于承载力验算的规定，加以归纳而成。

内框架房屋的抗侧力构件有砖墙及钢筋混凝土柱与砖柱组合的混合框架两类构件。砖墙弹性变形较小，在水平力作用下，随着墙体裂缝的发展，侧移刚度迅速降低；框架则具有相当大的延性，在较大变形情况下刚度才开始下降，而且下降的速度较缓。

混合框架各种柱子在地震作用下的抗剪承载力验算公式，是考虑楼盖水平变形、高阶空间振型及砖墙刚度退化的影响，以及不同横墙间距、不同层数的大量算例进行统计得到的。外墙砖壁柱的抗震验算规定，见现行上海市工程建设规范《建筑抗震设计标准》DGJ 08—9。

7.3.8 本条明确了内框架和底部框架房屋中混凝土结构部分的抗震等级。

8 单层钢筋混凝土柱厂房鉴定

8.1 一般规定

8.1.1 本章所适用的钢筋混凝土柱厂房为装配式结构，柱子为钢筋混凝土柱，屋盖由钢梁（或钢屋架）、钢檩条、压型钢板组成的厂房，或为大型屋面板与屋架、屋面梁构成的无檩体系屋盖，或由槽板、槽瓦等屋面瓦与檩条、各种屋架构成的有檩体系。混合排架厂房指边柱列为砖柱、中柱列为钢筋混凝土柱的厂房，其中的钢筋混凝土结构部分也可适用。

8.1.2 震害表明，装配式结构的整体性和连接的可靠性是影响其抗震性能的重要因素。该类厂房在不同烈度下的震害是：

1 突出屋面的钢筋混凝土Π形天窗架，立柱的截面为T形，7度时竖向支撑处就有震害，8度时震害较普遍。

2 无拉结的女儿墙、封檐墙和山墙山尖等，7度时有局部倒塌；位于出入口、披屋上部时，危害更大。

3 屋盖构件中，屋面瓦与檩条、檩条与屋架（屋面梁）、钢天窗架与大型屋面板、锯齿形厂房双梁与牛腿柱等的连接处，常因支承长度较小而连接不牢，7度时就有槽瓦滑落等震害，8度时檩条和槽瓦一起塌落。

4 大型屋面板与屋架的连接，两点焊与三点焊有很大差别，焊接不牢，8度时就有错位，甚至坠落。

5 屋架、柱间支撑系统不完整，7度时震害不大，8度时就有较重的震害：屋盖倾斜、柱间支撑压曲、有柱间支撑的上柱柱头和下柱柱根开裂甚至酥碎。

6 高低跨交接部位，牛腿（柱肩）在 7 度时就出现裂缝，8 度时普遍拉裂、劈裂。

7 柱的侧向变形受工作平台、嵌砌内隔墙、披屋或柱间支撑节点的限制，8 度时相关构件如柱、墙体、屋架、屋面梁、大型屋面板的破坏严重。

8 圈梁与柱或屋架、抗风柱柱顶与屋架拉结不牢，8 度时可能带动大片墙体外倾倒塌，特别是山墙墙体的破坏使端排架因扭转效应而开裂折断，破坏更重。

9 8 度时，厂房体型复杂、侧边贴建披屋或墙体布置使其质量不匀称、纵向或横向刚度不协调等，导致高振型影响、应力集中、扭转效应和相邻建筑的碰撞，加重了震害。

根据上述震害特征和规律，本条提出不同烈度下单层厂房可能发生严重破坏或局部倒塌时易伤人或砸坏相邻结构的关键薄弱环节，作为检查的重点。

根据汶川地震震害总结，在本次修订中增加了排架柱选型的要求。

各项具体的鉴定要求列于本标准第 8.2 节和第 8.3 节。

8.1.4 厂房的抗震能力评定，既要考虑抗震措施，又要考虑承载力，不满足时应进行加固处理。

对检查结果进行综合分析时，先对不符合鉴定要求的关键薄弱部位提出加固或处理意见，是提高厂房抗震安全性的经济而有效的措施；一般部位的构造、抗震承载力不符合鉴定要求时，则根据具体情况的分析判断，采取相应对策。例如，考虑构造不符合鉴定要求的部位和程度，对其抗震承载力的鉴定要求予以适当调整，再判断是否加固。

8.1.5 混合排架厂房指边柱列为砖柱、中柱列为钢筋混凝土柱的厂房，其中的砖柱部分应符合本标准第 9 章的有关规定。

8.2 A 类单层钢筋混凝土柱厂房抗震鉴定

本节是参照 09 版抗震鉴定标准，结合上海市的具体情况编写的。

8.2.1 本条主要是8度时对结构布置的鉴定要求，包括：主体结构刚度、质量沿平面分布基本均匀对称、沿高度分布无突变的规则性检查，变形缝及其宽度、砌体墙和工作平台的布置及受力状态的检查等。

1 应对防震缝宽度进行鉴定。

2 砖墙作为承重构件，所受地震作用大而承载力和变形能力低，在钢筋混凝土柱厂房中是不利的。7度时，承重的天窗砖端壁就有倒塌；8度时，排架与山墙、横墙混合承重的震害也较重。

3 当纵向外墙为嵌砌砖墙而中柱列为柱间支撑，或一侧有墙另一侧敞口，或一侧为外贴式另一侧为嵌砌式，均属于纵向各柱列刚度明显不协调的布置。

4 厂房仅一端有山墙或纵向为一侧敞口，以及不等高厂房等，凡不同程度地存在扭转效应问题时，其内力增大部位的鉴定要求需适当提高。

对纵横跨不设缝的情况，应提高鉴定要求。

8.2.2 不利于抗震的构件形式，除了Π形天窗架立柱、组合屋架上弦杆为T形截面外，参照设计规范，应对排架上柱、柱根及支承屋面板小立柱的截面形式进行鉴定。

薄壁工字形柱、腹杆大开孔工字形柱和双肢管柱，在地震中容易变为两个肢并联的柱，受弯承载力大大降低。鉴定时，着重检查其两个肢连接的可靠性。

鉴于汶川地震中薄壁双肢柱厂房大量倒塌，适当提高了这类厂房的鉴定要求。

8.2.3 设置屋盖支撑是使装配式屋盖形成整体的重要构造措施。

屋盖支撑布置的非抗震要求，可按国家标准《建筑抗震鉴定标准》GB 50023—2009或按标准图、有关的构造手册确定。大致包括：

1 跨度大于18 m或有天窗的无檩屋盖，厂房单元或天窗开洞范围内，两端有上弦横向支撑。

2　抗风柱与屋架下弦相连时，厂房单元两端有下弦横向支撑。

3　跨度为 18 m～30 m 时在跨中，跨度大于 30 m 时在其三等分处，厂房单元两端有竖向支撑，其余柱间相应位置处有下弦水平系杆。

4　屋架端部高度大于 1 m 时，厂房单元两端的屋架端部有竖向支撑，其余柱间在屋架支座处有水平压杆。

5　天窗开洞范围内，屋架脊节点处有通长水平系杆。

8.2.4　排架柱的箍筋构造对其抗震能力有重要影响，其规定主要包括：

1　有柱间支撑的柱头和柱根，柱变形受柱间支撑、工作平台、嵌砌砖墙或贴砌披屋等约束的各部位。

2　柱截面突变的部位。

3　高低跨厂房中承受水平力的支承低跨屋盖的牛腿(柱肩)。

8.2.5　设置柱间支撑是增强厂房整体性的重要构造措施。

根据震害调查，柱间支撑的顶部有水平压杆时，柱顶受力小，震害较轻，8 度时中柱列在上柱柱间支撑的顶部应有水平压杆。

8.2.6　厂房结构构件连接的鉴定要求：

屋面瓦与檩条、檩条与屋架的连接不牢时，7 度时就有震害。

钢天窗架上弦杆一般较小，使大型屋面板支承长度不足，应注意检查；8 度时，增加了大型屋面板与屋架焊牢的鉴定要求，明确了无预埋件焊连条件的屋面板的鉴定要求。

柱间支撑节点的可靠连接，是使厂房纵向安全的关键。一旦焊缝或锚固破坏，则支撑退出工作，导致厂房柱列震害严重。

震害表明，山墙抗风柱与屋架上弦横向支撑节点相连最有效，鉴定时要注意检查。

8.2.7　黏土砖围护墙的鉴定要求：

突出屋面的女儿墙、高低跨封墙等无拉结，7 度时就有震害。根据震害，增加了高低跨的封墙不宜直接砌在低跨屋面上的鉴定要求。

圈梁与柱或屋架需牢固拉结；圈梁宜封闭，变形缝处纵墙外甩力大，圈梁需与屋架可靠拉结。

根据震害经验并参照设计规范，增加了预制墙梁等的底面与其下部的墙顶宜加强拉结的鉴定要求。

8.2.8 内隔墙的鉴定要求：

到顶的横向内隔墙不得与屋架下弦杆拉结，以防其对屋架下弦的不利影响。

嵌砌的内隔墙应与排架柱柔性连接或脱开，以减少其对排架柱的不利影响。

8.3 B类单层钢筋混凝土柱厂房抗震鉴定

本节是参照09版抗震鉴定标准，结合上海市的具体情况编写的。

8.3.1 本条第4款结合上海市的具体情况编写的。

8.3.2 对于薄壁工字形柱、腹杆大开孔工字形柱、预制腹板的工字形柱和管柱等，在地震中容易变为两个肢并联的柱，受弯承载力大大降低，明确不宜采用。

8.3.3 适当增加了屋盖支撑布置的鉴定要求。

屋盖支撑布置的非抗震要求，可按现行国家标准《建筑抗震鉴定标准》GB 50023—2009或按标准图、有关的构造手册确定。

8.3.4 排架柱的箍筋构造采用2010版抗震设计规范的要求。

8.3.5 根据震害，对于有吊车厂房，当地震烈度不大于7度，吊重不大于5t的软钩吊车，上柱高度不大于2 m，上柱柱列能够传递纵向地震力时，可以没有上柱柱间支撑。

当单跨厂房跨度较小，可以采用砖柱或组合砖柱承重而采用钢筋混凝土柱承重，两侧均有与柱等高且与柱可靠拉结的嵌砌纵墙时，可按单层砖柱厂房鉴定。当两侧墙墙厚不小于240 mm，开洞所占水平截面不超过总截面面积的50%，砂浆强度等级不低于

M2.5 时，可无柱间支撑。

8.3.6 本条第 1、2 款是结合上海市的具体情况编写的。

8.3.7 根据震害和现行抗震设计规范，黏土砖围护墙的鉴定要求主要内容如下：

1 高低跨封墙和纵横向交接处的悬墙，增加了圈梁的鉴定要求。

2 明确了圈梁截面和配筋要求主要针对柱距为 6 m 的厂房。

3 变形缝处圈梁和屋架锚拉的钢筋应有所加强。

9 单层砖柱厂房鉴定

9.1 一般规定

本节是参照 09 版抗震鉴定标准，结合上海市的具体情况编写的。

9.1.1 本章适用的范围，主要是单层砖柱（墙垛）承重的砖柱厂房，包括仓库、泵房等。混合排架厂房中的砖结构部分也可适用。

9.1.2 本条是根据国家标准《建筑抗震鉴定标准》GB 50023—2009 第 9.1.2 条（强制性条文）编制的，其中将原“注”的内容进行了加强，作为正文，要求比 GB 50023—2009 第 9.1.2 条更严格一些。

根据这类房屋震害规律，指出了不同烈度下的薄弱部位，作为检查的重点。

9.1.4 单层砖柱厂房抗震能力的评定，同样要考虑构造和承载力这两个因素。

根据震害调查和分析，规定 A 类的多数单层砖柱厂房不需进行抗震承载力验算，采用与单层钢筋混凝土柱厂房相同形式的分级鉴定方法。

对检查结果进行综合分析时，先对不符合鉴定要求的关键薄弱部位提出加固或处理意见，是提高厂房综合抗震能力的经济而有效的措施；一般部位的构造、抗震承载力不符合鉴定要求时，则根据具体情况采取相应对策。

本次修订补充了 B 类单层砖柱厂房抗震能力的评定方法。

9.1.5 单层砖柱厂房与其附属房屋的结构类型不同，地震作用下的表现也不同。根据震害调查和分析，参照设计规范，规定单层砖柱厂房与其附属房屋之间要考虑二者的相互作用。

9.2 A类单层砖柱厂房抗震鉴定

本节是参照09版抗震鉴定标准，结合上海市的具体情况编写的。

9.2.1，9.2.2 结构布置的鉴定要求主要内容有：

1 对砖柱截面沿高度变化的鉴定要求；对纵向柱列，在柱间需有与柱等高砖墙的鉴定要求。

2 房屋高度和跨度的控制性检查。

3 承重山墙厚度和开洞的检查。

4 钢筋混凝土面层组合砖柱、砖包钢筋混凝土柱的轻屋盖房屋在高烈度下震害轻微，保留了不配筋砖柱的限制。

5 设计合理的双曲砖拱屋盖本身震害是较轻的，但山墙及其与砖拱的连接部位有时震害明显；保留其跨度和山墙构造等的鉴定要求。

根据震害和抗震规范，对房屋高度和跨度规定得更严格一些。

9.2.3 根据震害总结，为减少抗震承载力验算工作，保留了材料强度等级的最低鉴定要求。

9.2.4，9.2.5 房屋整体性连接的鉴定要求主要内容有：

1 根据上海市情况，规定了木屋盖的支撑布置要求、波形瓦等轻屋盖的鉴定要求。

2 7度时木屋盖震害极轻，保留了7度时屋盖构件的连接宜采用钉接的要求。

3 屋架(梁)与砖柱(墙)的连接，要有垫块的鉴定要求。

4 山墙壁柱对房屋整体性能的影响较纵向柱列小，其连接要求保持了原标准的规定，比纵向柱列稍低。

5 保持了对独立砖柱、墙体交接处的连接要求。

9.2.6 房屋易引起局部倒塌的部位，包括悬墙、封檐墙、女儿墙、顶棚等。

9.2.7 试验研究和震害表明，砖柱的承载力验算只相当于裂缝出现阶段，到房屋倒塌还有一个发展过程。为简化鉴定时的验算，本条规定了较宽的不验算范围，基本保持95版抗震鉴定标准的规定。

根据震害和2001版抗震设计规范，对于单层砖柱厂房，山墙起到很大的作用，增加了鉴定要求。

9.3 B类单层砖柱厂房抗震鉴定

本节是参照09版抗震鉴定标准，结合上海市的具体情况编写的。

9.3.1 对房屋高度和跨度规定得更严格一些。

9.3.2 增加了防震缝处宜设有双柱或双墙的鉴定要求。

9.3.3 根据上海市的具体情况，明确了烈度从低到高，可采用无筋砖柱、组合砖柱和钢筋混凝土柱，补充了非整体砌筑且不到顶的纵向隔墙宜采用轻质墙。

9.3.5 本条参照现行国家标准《建筑抗震鉴定标准》GB 50023编写，但根据上海市工程建设规范《建筑抗震设计规程》DGJ 08—9—2003关于8度时不宜采用砖柱的规定，取消了8度时鉴定的有关内容。

9.3.6 本条第1款是根据上海市的场地类别编写的。

9.3.7 B类单层砖结构厂房抗震承载力验算的范围同09版抗震鉴定标准，按2001版抗震设计规范的方法验算其抗震承载力。

10 单层空旷房屋鉴定

10.1 一般规定

本节是参照 09 版抗震鉴定标准，结合上海市的具体情况编写的。

10.1.1 本章适用的范围，主要是砖墙承重的单层空旷房屋。

10.1.2 本条是根据国家标准《建筑抗震鉴定标准》GB 50023—2009 第 9.1.2 条(强制性条文)编制的。根据单层空旷砌体房屋震害规律，指出了不同烈度下的薄弱部位，作为检查的重点。

本次修订增加了对山墙山尖、承重山墙的鉴定要求。

10.1.4 本条是根据国家标准《建筑抗震鉴定标准》GB 50023—2009 第 9.1.5 条(强制性条文)编制的，列举了单层空旷房屋鉴定的具体项目，使其抗震鉴定的要求规范化。

单层空旷房屋抗震能力的评定，同样要考虑构造和承载力这两个因素。

根据震害调查和分析，规定 A 类的多数单层空旷房屋不需要进行抗震承载力验算，采用与单层钢筋混凝土柱厂房相同形式的分级鉴定方法。

对检查结果进行综合分析时，先对不符合鉴定要求的关键薄弱部位提出加固或处理意见，是提高房屋综合抗震能力的经济而有效的措施；一般部位的构造、抗震承载力不符合鉴定要求时，则根据具体情况采取相应对策。

本次修订补充了 B 类单层空旷房屋抗震能力的评定方法。

10.1.5 单层空旷房屋的大厅与其附属房屋的结构类型不同，地震作用下的表现也不同。根据震害调查和分析，参照设计规范，规定单层空旷房屋的大厅与其附属房屋之间要考虑二者的相互作用。

10.2 A 类单层空旷房屋抗震鉴定

本节是参照 09 版抗震鉴定标准，结合上海市的具体情况编写的。

10.2.1 本条规定了单层空旷房屋的大厅及附属房屋相关的鉴定内容。

10.2.2 本条对空旷房屋的结构体系提出了鉴定要求。

10.2.3 本条规定了大厅及其与附属房屋连接整体性的要求。

1 保持了木屋盖的支撑布置要求，轻屋盖的震害很轻，补充了波形瓦等轻屋盖的鉴定要求。

2 7 度时木屋盖震害极轻，补充了 7 度时屋盖构件可采用钉接的规定。

3 屋架(梁)与砖柱(墙)的连接，参照设计规范，提出要有垫块的鉴定要求。

4 圈梁对单层空旷房屋抗震性能的作用，与多层砖房相比有所降低，鉴定的要求：柱顶增加闭合等要求，沿高度的要求稍有放宽。

5 山墙壁柱对房屋整体性能的影响较纵向柱列小，其连接要求比纵向柱列稍低。

6 对墙体交接处有配筋的鉴定要求有所放宽。

7 参照设计规范，提出了舞台口大梁有稳定支撑的鉴定要求。

10.2.4 本条明确了房屋易引起局部倒塌的部位的鉴定要求。

10.2.5 本条参照 09 版抗震鉴定标准，根据现行上海市工程建设规范《建筑抗震设计标准》DGJ 08—9，规定了较宽的不验算范围，规定了需要验算的情况：

1 悬挑式挑台的支承构件。

2 高大山墙壁柱在平面外的鉴定要求。

10.3 B类单层空旷房屋抗震鉴定

10.3.1～10.3.6 此几条参照现行国家标准《建筑抗震鉴定标准》GB 50023，并根据现行上海市工程建设规范《建筑抗震设计标准》DGJ 08—9 作了调整。

10.3.7 B类单层空旷房屋抗震承载力验算，基本采用09版抗震鉴定标准方法，按现行上海市设计规范验算。

11　木结构房屋鉴定

11.1　一般规定

11.1.1　本章适用范围主要是中、小型木结构房屋。按抗震性能的优劣排列，依次为穿斗木构架、旧式木骨架、木柱木屋架、柁木檩架房屋；适用的层数包括了现有房屋的一般情况。

11.1.3　木结构抗震鉴定时考虑防火问题，主要是防止次生灾害。

11.1.4　木结构房屋要检查所处的场地条件，主要是根据国家标准依据日本的统计资料：不利地段，冲积层厚度大于 30 m、回填土厚度大于 4 m 及地下水位高的场地，都会加重震害。

11.2　A 类房屋抗震鉴定

11.2.1　本条按旧式木骨架、木柱木屋架、柁木檀架和穿斗木构架的顺序分别列出这些房屋木构架的布置和构造的鉴定要求。

穿斗木构架的梁柱节点，用银锭榫可防止连接拔榫或脱榫。

11.2.2　本条分别规定了各类木结构房屋墙体的布置和构造的鉴定要求。

对旧式木骨架、木柱木屋架房屋，主要对砖墙的间距、砂浆强度等级和拉结构造进行检查。

对柁木檩架房屋，主要对墙的间距进行检查。

对穿斗木构架房屋，主要对墙体的间距、施工方法和砂浆强度等级、拉结构造等进行检查。

11.2.3 本条列出了木结构房屋中易损坏部位的鉴定要求。

11.2.4 本条规定了需采取加固或相应措施的情况，强调木构件的现状、木构架的构造形式及其连接应符合鉴定要求。

11.3 B类房屋抗震鉴定

11.3.1，11.3.2 此两条列出了B类木结构房屋比A类木结构房屋增加的鉴定内容。

12 烟囱和水塔鉴定

12.1 烟 囱

12.1.1 普通类型的独立式烟囱指高度在 100 m 以下的钢筋混凝土烟囱和高度在 60 m 以下的砖烟囱;特殊构造形式的烟囱指爬山烟囱、带水塔烟囱等。

12.1.2 钢筋混凝土烟囱的筒壁损坏、钢筋锈蚀严重,8 度时就有破坏,故应着重检查筒壁混凝土的裂缝和钢筋的锈蚀等。

12.1.3 对烟囱的抗震能力进行综合评定时,同样要考虑抗震承载力和构造两个因素。

12.1.6, 12.1.8 独立式烟囱在静载下处于平衡状态,鉴定时需检查筒壁材料的强度等级。

震害表明,砖烟囱顶部易于破坏甚至坠落,7 度时顶部就有破坏,故要求顶部一定范围内要有配筋。

12.1.7, 12.1.9 根据震害经验和统计分析,参照现行抗震设计规范,提出了不进行抗震验算的范围。

烟囱的抗震承载力验算,以按设计规范的方法为主,高度不超过 100 m 的烟囱可采用简化方法,超过时,采用振型分解反应谱方法。

12.2 水 塔

12.2.1 独立的水塔指有一个水柜作为供水用的水塔。本节的适用范围主要是常用的容量和常用高度的水塔,大部分有标准图或通用图。

12.2.2，12.2.3 水塔的基础倾斜过大，将影响水塔的安全，故提出控制倾斜的鉴定要求。

12.2.4 水塔鉴定的内容，主要参照国家标准《给排水工程设计规范》GBJ 69—84 的有关规定和震害经验确定的。

12.2.5 根据震害经验和计算分析，参照设计规范，得到可以不进行抗震承载力验算的范围。

12.2.6～12.2.8 给出了各类水塔的抗震构造要求。

12.2.10 水塔的抗震承载力验算，以按设计规范的方法为主：支架水塔和类似的其他水塔采用简化方法，较低的筒支承水塔采用底部剪力法，较高的砖筒支承水塔或筒高度与直径之比大于3.5的水塔采用振型分解反应谱方法。

经验表明，砖和钢筋混凝土筒壁水塔为满载时控制抗震设计，而支架式水塔和基础则可能为空载时控制设计，地震作用方向不同，控制部位也不完全相同。参照设计规范，在抗震鉴定的承载力验算中也作了相应的规定。

13 优秀历史建筑鉴定

13.1 一般规定

13.1.2 本条归纳了优秀历史建筑结构变动及荷载增加而需进行抗震鉴定的各种情况。

13.1.4 根据《上海市历史文化风貌区和优秀历史建筑保护条例》，本市优秀历史建筑均建成使用30年以上，设计建造时均未考虑抗震设防；而且绝大多数优秀历史建筑建成后使用年份跨越较长时段；建筑结构形式多种多样；使用过程中建筑功能、结构形式变化较大。另外，由于保护的要求，优秀历史建筑的外立面、结构体系、平面布局和内部装饰一般不允许改变，给这类建筑的抗震鉴定，尤其是后续的抗震加固带来很大困难。为了兼顾优秀历史建筑的保护要求和建筑的抗震性能，根据鉴定对象的具体特点，采用性能化的方法重点解决关键抗震问题，确保结构后续使用安全。经近些年优秀历史建筑抗震鉴定实践，大部分优秀历史建筑抗震措施和抗震承载能力基本能够满足A类建筑抗震鉴定要求。

13.1.5 优秀历史建筑的勘查，是正确评价其结构抗震安全性的基础。优秀历史建筑使用年代久远，除应对建筑结构现状进行详细勘查外，还应对长期使用中的历次维修加固情况，特别是目前尚存在的内容及其工作状态等进行勘查。根据其历史沿革变化和各时期的使用状况等，分析对目前结构抗震安全性的影响。对重要的装饰物分布和状况的勘查包括两方面的内容，即装饰物本身的保护状况和可能坠落后损伤其他结构构件状况。此外，必要时，对可能影响结构抗震安全性的其他状况也应进行勘查，如：易燃易爆物品分布和电气使用状况;给排水渗漏部分或易受潮部位的分布和状况等。

13.1.7 优秀历史建筑的建筑材料常采用木材、钢筋混凝土和钢材等,结构形式常为砌体结构、混合结构、框架等。当进行优秀近代建筑的抗震鉴定时,应根据不同结构类型参考本标准相应的方法。本标准取消了原规程中对优秀历史建筑两级鉴定的方法,采用抗震措施检查和抗震承载力计算相结合的综合分析鉴定方法。

13.2 抗震措施鉴定

13.2.1 优秀历史建筑结构未考虑抗震要求,常存在水平抗侧力体系不完善、竖向传力曲折、质量刚度分布不均匀等现象,从而形成抗震的薄弱环节。

13.2.2 对于优秀历史建筑应主要考虑其保护要求,一般不允许随意加固、更换构件等,更不能随意套用非优秀历史建筑的方法处理。必要时,在有关部门组织论证后,采取安全可行的措施,以提高结构的安全性。

13.2.4 在检查非结构构件时,应特别注意可能造成结构和人员伤害的部分。

13.2.6 对优秀历史建筑所处的不利场地条件和可能影响结构抗震安全性的其他因素进行分析,评定其对主体结构抗震安全性的影响,并根据影响程度,相应提高其抗震措施要求。

13.3 抗震承载力验算

13.3.3 优秀历史建筑结构分析时,应根据其结构类型,分别采用本标准各章中规定的简化计算方法。当结构体系较复杂,难以合理地进行简化计算时,应进行详细的整体结构分析。

13.3.4,13.3.5 当存在影响结构安全性的其他因素时,应结合计算分析综合评定其对结构的影响,并采取相应的有效措施。

14 改建、扩建和加层建筑鉴定

14.0.1 本条规定了对于原有建筑进行上部加层、内部插层或平面扩建(指同一个结构单元的平面扩建)等改造时,应按照现行抗震设计标准,即C类建筑、后续使用50年的抗震设防标准进行抗震鉴定,并按现行抗震设计标准进行加固和改造设计。即原结构和新增部分均应该按现行抗震设计标准进行抗震设计。

这里的“平面扩建”可不包括现有多层砌体结构住宅外部新增电梯改造的情况。住宅外部新增电梯改造对原房屋结构的抗震性能影响并不明显,这类改造若不涉及原房屋主体结构本身的改造和加固,可不要求进行抗震鉴定。但新增电梯改造前,应对原房屋结构使用状况进行调查,确保原房屋结构无安全隐患。

同样,“平面扩建”也可不包括新增质量较轻的连廊等情况。如在医院等的改造中,两幢大楼之间常需增设连廊相通,此种情况,若不形成连廊对与其相连的两幢大楼之间的相互拉结作用(如一端采用滑动支座),增设连廊对原房屋结构的抗震性能影响不明显,也可不要求由此对原房屋结构进行抗震鉴定。但应分析新增的连廊荷载对原结构承载力的影响,涉及原结构加固的,尚应根据加固情况判断是否需要对原结构进行抗震鉴定。

对于加层、插层和扩建改造,若属于小范围的局部加层、插层和扩建,如加层、插层或扩建总面积不大于原房屋总面积的5%且加层、插层或扩建的单层面积不大于原房屋典型楼层面积的10%,可按本标准第14.0.2条的“改建”要求进行抗震鉴定(即可按原房屋建造年代确定其后续使用年限)。

14.0.2 这里的“改建”是指除本标准第14.0.1条所列“上部加层、内部插层或平面扩建”之外的对主体受力结构的局部改造,如结构传力路径改变，结构抗侧力构件改造（局部增加或拆除钢筋混凝土抗震墙、承重砖墙、框架柱、框架梁、柱间支撑）等。当改建仅涉及极个别部位的非抗侧力构件，如建筑内部新增电梯或自动扶梯时的楼板开洞，若不涉及框架结构的主梁和框架柱、砌体结构的承重墙等的改变，确对原结构整体抗震能力无明显影响，且原结构使用状况良好时，可暂不进行抗震鉴定，但应严格限定在改建仅在局部且对原结构整体抗震能力不被削弱的范围内。

对于改建，新增部分的抗震承载力应满足改造后整体结构的设防水准，但抗震措施应满足现行上海市工程建设规范《建筑抗震设计标准》DGJ 08—9 的要求。

14.0.3，14.0.4 鉴于 1984 年以前建造的建筑大多数未进行抗震设防，因此，原则上不允许在旧房子上进行加层或插层。如确需加层、插层时，必须经过专门的审批，且加层、插层的建筑应按新建工程进行抗震设防。根据这一规定，在加层、插层建筑的抗震设计时，构造措施应按现行上海市工程建设规范《建筑抗震设计标准》DGJ 08—9 的要求执行；抗震计算时应按加层、插层后的建筑进行整体计算。例如，若原建筑为五层，增加一层后变为六层，则在采取抗震构造措施和进行抗震计算时，均应按六层结构考虑。

14.0.5 此条强调了对现有建筑进行改造必须确保新老结构的整体性，即可靠连接。新老结构之间的可靠连接是保证结构整体工作的重要条件，对于直接在建筑物上加层，或建筑物内部插层，建筑物平面扩建等，新增部分的结构应与原结构有效连接，以使结构成为一个整体来共同承受地震作用。这一点不仅在设计中要特别强调，在现场施工时也应进行有效的监理。

14.0.6 对现有建筑进行改建、扩建和加层设计时，构件尺寸、荷载大小和材料强度均应按现场实际情况取值，并应对现有结构进行详细的质量检测，以获得上述数据。需要说明的是，现场实测的材料强度在设计使用时还应按国家有关标准折算成设计强度。

14.0.7 改建、扩建和加层的建筑经抗震鉴定和抗震验算不满足要求时，应首先进行加固。加固时，应按照从下向上的顺序进行，即先加固基础，再加固原有结构，再进行上部的加层施工。这样要求的目的是为了确保施工安全，保证结构的整体性以及保证加层施工的质量。

15 地基和基础加固

15.1 一般规定

15.1.2 静载下存在严重缺陷的地基基础，不仅为抗震留下严重的结构隐患，也影响建筑物的结构安全和正常使用。首先解决地基或基础现状存在严重静载缺陷的问题，一般也能满足抗震的要求。

15.1.3 抗震加固后，基础底面压力设计值可能有所增加，故应按加固后的情况计算基底压力设计值。

15.1.4 抗震加固时液化地基的处理要求可低于抗震设计规范，可仅对液化等级为严重且对液化敏感建筑的现有地基采取抗液化措施。

15.2 地基基础的加固措施

15.2.1 当地基竖向承载力不满足要求时，具体处理方法如下：

1 根据工程实践，将超过地基承载力10%作为不同的地基处理方法的分界，尽可能减少现有地基的加固工作量。

3 加大原基础宽度，一般采用混凝土或钢筋混凝土围套，其施工的关键是保证新老混凝土共同工作。新老混凝土的结合面处应凿毛和刷洗干净，必要时，可植筋以提高结合面的抗剪能力。按刚性基础设计时，应满足刚性基础宽高比的要求，受力就比较可靠，宜优先采用。当原有基础为钢筋混凝土结构，加固时可考虑按钢筋混凝土迭合构件设计，但必须按混凝土结构设计规范的有关规定验算结构强度和满足钢筋混凝土迭合构件的构造要求。

5 锚杆静压桩、树根桩或注浆加固等方法是上海地区在既有建筑物内进行地基加固的行之有效的方法。具体设计与施工见有关的规范和规程，此处不再详述。在原有基础底下增设钢筋混凝土挑梁或抬梁，并将钢筋混凝土挑梁或抬梁作为新增桩基的承台，于是上部墙柱的一部分荷载通过增设钢筋混凝土挑梁或抬梁传递给桩基。增设钢筋混凝土挑梁或抬梁拓宽了原有桩基托换地基加固范围，收到很好的效果。

15.2.2 由震害和试验表明，刚性地坪能很好地抵抗上部结构传来的地震剪力，增设刚性地坪是既经济又简单的抗震加固方法。但在上海地区采用刚性地坪时，其设计计算方法和构造措施仍需研究和论证。

15.2.3 本标准除采用提高上部结构抵抗不均匀沉陷的能力外，还列举了现有地基消除或减轻液化沉降的常用处理措施。

树根桩、锚杆静压桩和注浆加固等既是上海地区解决地基承载力不足和基础沉降过大的有效方法，也可用于消除或减轻液化影响。

覆盖法为行业标准《建筑抗震加固技术规程》JGJ 116—98 中提倡使用的加固方法。

其他的一些加固方法，如碎石排水桩法、高压旋喷法等，不太适用于上海地区的已有建筑物下的地基加固，故条文中未列出。一些新的加固方法在取得工程成功经验后，也可采用。

15.2.4 基础本身的加固属于钢筋混凝土结构构件的加固，可采用本标准有关条文规定的方法进行加固。桩基托换使墙柱荷载的一部分直接由桩传给地基，减少了地基对原有基础的反力，起到改善原基础受力状况的作用。

16 砌体结构加固

16.1 一般规定

16.1.1 本章的适用范围主要是按本标准第 5 章进行抗震鉴定后需要加固的多层砌体房屋等多层砌体房屋，故其适用的房屋层数和总高度不再重复，可直接引用的计算公式和系数也不再重复。

16.1.2 根据震害调查，对于不符合抗震鉴定要求的房屋，抗震加固应从提高房屋的整体抗震能力出发，并注意满足建筑物的使用功能和同相邻建筑相协调，并应防止建筑结构在抗震加固中出现局部刚度突变而形成薄弱层，且非承重或自承重墙体加固后不超过同一楼层承重墙体的抗震承载力。

16.1.3 本条明确了超高、超层砌体房屋应优先选用加固、加强的原则。考虑到现有房屋的层数和高度已经存在，尽量不采用减少层数的方法。

改变结构体系主要是指增设一定数量的钢筋混凝土墙体，与原有墙体共同承担地震作用。新增设的墙体，还可采用约束砌体墙、配筋砌体墙和混凝土面层组合砌体墙等。当采用混凝土面层组合墙体时，原有的抗震砖墙体均需加固为组合墙体；采用足够数量的钢筋混凝土墙时，钢筋混凝土墙的间距可类似框-剪结构布置。双面设置钢筋混凝土面层的合计厚度不小于 140 mm 时，可视为增设钢筋混凝土墙。

横墙较少的砌体房屋不降低高度和减少层数的有关要求，见国家标准《建筑抗震设计规范》GB 50011—2010 第 7.3.14 条。

16.1.4 抗震加固和抗震鉴定一样，可按现行抗震设计规范进行加固后的结构抗震承载力验算，同时考虑抗震措施的影响。不同的是，抗震承载力要按不同的加固方法考虑相应的加固增强系数，并按加固后的情况取体系影响系数 ψ_1 和局部影响系数 ψ_2：

1 增设抗震墙后，横墙间距小于鉴定标准对刚性楼盖的规定值时，取 $\psi_1=1.0$。

2 增设外加柱和拉杆、圈梁后，整体性连接的系数（楼层盖支承长度、圈梁布置和构造等）取 $\psi_1=1.0$。

3 采用面层加固或增设窗框、外加柱的窗间墙，其局部尺寸的影响系数取 $\psi_2=1.0$。

4 采用面层加固或增设支柱后，大梁支承长度的局部影响系数取 $\psi_2=1.0$。

16.2 加固方法

16.2.1～16.2.4 根据我国多年来工程加固实践的总结，此几条分别列举了国家标准《建筑抗震鉴定标准》GB 50023—2009 第 5 章所明确的抗震承载力不足、房屋整体性不良、局部易倒塌部位连接不牢及房屋有明显扭转效应时可供选择的多种有效加固方法，可针对房屋的实际情况单独或综合采用。

16.2.5 鉴于现有的 A 类空斗墙房屋和普通黏土砖砌筑的墙厚小于 180 mm 的房屋属于早期建造的，20 世纪 80 年代后已不允许建造，故要求尽可能拆除处理；确实需要继续使用的，需要特别加强。

16.3 加固设计及施工

16.3.1，16.3.2 本标准第 16.3.1 条是根据行业标准《建筑抗震加固技术规程》JGJ 116—2009 第 5.3.1 条（强制性条文）编制的，但取消了“水泥砂浆面层”的方法。

这两条明确规定了面层加固墙体的设计方法，其中第16.3.1条是需要严格执行的强制性要求。为使面层加固有效，除了要注意原墙体的砌筑砂浆强度不高于 M2.5 外，强调了以下几点：①钢筋网的保护层及钢筋距墙面空隙；②钢筋网与墙面的锚固；③钢筋网与周边原有结构构件的连接。

面层加固的承载力计算，许多单位进行过试验研究并提出相应的计算公式。结合工程经验，本标准提出了原砌筑砂浆强度等级不高于 M2.5 而面层砂浆为 M10 时的增强系数。当原砌筑砂浆强度等级高于 M2.5 时，面层加固效果不大，增强系数接近于 1.0。

对砌筑砂浆强度等级 M2.5 的墙体，试验结果表明，钢筋间距以 300 mm 为宜，过疏或过密都不能使钢筋充分发挥作用。

试验和现场检测发现，钢筋网竖筋紧靠墙面会导致钢筋与墙体无粘结，加固失效；试验表明，采用 5 mm 间隙可有较强的粘结能力。钢筋网的保护层厚度应满足规定，提高耐久性，避免钢筋锈蚀后丧失加固效果。

面层加固可只在某一层进行，不需要自上而下延伸至基础。但在底层的外墙，为提高耐久性，面层在室外地面以下宜加厚并向下延伸 500 mm。

当利用面层中的配筋加强带起构造柱圈梁的约束作用时，一般需在墙体周边设置 3 根ϕ 10 的钢筋，净距 50 mm；水平钢筋间距局部加密；墙体两面的钢筋还需要相互可靠拉结。在纵横墙交接处，则形成十字或 T 字形的组合柱。

16.3.3 注意钢筋网与原有墙面、周边构件的拉结筋应检验合格后才能进行下一道工序的施工。锚筋除采用水泥基灌浆料、水泥砂浆外还可采用结构加固用胶黏剂，根据不同的材料和施工工艺，锚孔直径需相应调整。

16.3.4～16.3.6 在近几年的试验研究和工程实践的基础上，本次修订增加了钢绞线网-聚合物砂浆面层加固砌体墙的方法，其加固效果好于钢筋网水泥砂浆面层加固法。

本方法与钢筋网砂浆面层加固的主要区别是，采用钢绞线网片，与原有墙体连接采用锚固在砖块上的专用金属胀栓，在墙体交接处需设置钢筋网等加强与左右两端墙体的连接

16.3.7～16.3.9 外加钢筋混凝土面层加固时，考虑到混凝土与砖砌体的弹性模量相差较大，混凝土不能充分发挥作用，其强度等级不宜过高，厚度不宜过大。

第 16.3.7 条是根据行业标准《建筑抗震加固技术规程》JGJ 116—2009 第 5.3.7 条(强制性条文)编制的，但对穿过上下层楼、屋盖钢筋要求比 JGJ 116—2009 第 5.3.7 条更高一些(每隔 800 mm 设置穿过楼板间钢筋)。本条强调了以下几点：①外加钢筋混凝土面层与原有楼板、周边结构构件应采用短筋、拉结钢筋可靠连接；②外加钢筋混凝土面层的钢筋应与原墙体充分锚固；③外加钢筋混凝土面层应有基础，条件允许时，基础埋深同原有基础。

试验表明，外加钢筋混凝土面层加固的增强系数与原墙体的砂浆强度等级有关。

本次修订，进一步明确双面外加钢筋混凝土面层加固的增强系数，当双面合计的厚度达 140 mm 时，可直接按新增混凝土抗震墙对待。即：对于原有 240 mm 厚的墙体，相当于双面加固的增强系数取为 3.8(≤M7.5)和 3.5(M10)。

外加钢筋混凝土面层可支模浇筑或采用喷射混凝土工艺，外加钢筋混凝土面层厚度较薄时应优先采用喷射混凝土工艺。

16.3.10～16.3.12 新增设的墙体应有基础，为防止新旧地基的不均匀沉降造成墙体开裂，按工程经验将基础宽度加大 15%。

砖墙内设置钢筋网片和钢筋细石混凝土带的加固方法，是经过许多单位大量的试验提出的，其增强系数是试验结果的综合。

钢筋混凝土抗震墙加固时，如采用增强系数进行抗震验算，在规定的范围内，其取值可不考虑墙厚的不同。

16.3.13 本条是根据行业标准《建筑抗震加固技术规程》JGJ 116—2009 第 5.3.13 条(强制性条文)编制的，但考虑到上海地区无冻土影响，要求新增基础埋深不得小于 0.5 m。利用外加钢筋混凝土柱、圈梁和替代内墙圈梁的拉杆，在水平和竖向将多层砌体结构的墙段加以分割和包围，形成对墙段的约束，能有效提高抗倒塌能力。这种加固方法已经受过地震的考验。

本条的设置需依据设防烈度和设防类别的不同区别对待，为使约束系统的加固有效，强调了以下几点：①外加柱设置的位置应合理，还应与圈梁或钢拉杆连成封闭系统；②外加柱、圈梁虚通过设置拉结钢筋和销键、错栓、压浆锚杆或锚筋与墙体连接；③外加柱应有足够深度的基础；④圈梁遇阳台、楼梯间、变形缝时，应妥善处理；⑤拉杆应按照替代内墙圈梁的要求设置，并满足与墙体锚固的规定，使拉杆能保持张紧状态，切实发挥作用。

16.3.14，16.3.15 外加柱加固砌体房屋的增强系数，是在总结几百个试验资料的基础上提出的。墙体承载力的提高，只适用于砂浆强度等级为 M2.5 以下鉴定不要求有构造柱的 A 类房屋墙体。

外加柱的截面和配筋均不必过大。外加柱应沿房屋全高贯通，不得错位；外加柱的钢筋混凝土销键适用于砂浆强度等级低于 M2.5 的墙体，砂浆强度等级为 M2.5 及以上时，可采用其他连接措施；圈梁应连续闭合，内墙圈梁可用满足锚固要求的保持张紧的拉杆替代；钢筋网砂浆面层和钢筋混凝土外加钢筋混凝土面层中，沿墙体交接处、墙体与楼板交界处的集中配筋，也可替代该位置的构造柱和圈梁。

16.3.16～16.3.19 圈梁、钢拉杆应与构造柱配合形成封闭系统。外加圈梁的截面、配筋和钢拉杆的直径，是按防止外墙墙体向外甩出时的拉力计算得到的。

圈梁与墙体的连接，对砂浆强度等级低于 M2.5 的墙体，宜选用钢筋混凝土销键；对砂浆强度等级为 M2.5 及以上的墙体，可采用其他连接措施。

16.3.20～16.3.31 给出了裂缝修补技术方法、相关参数和施工要点。

16.3.32 给出了新增钢托架加固技术方法和相关参数。

17 钢筋混凝土结构加固

17.1 一般规定

17.1.1 本章与本标准第6章有密切联系，可直接引用的计算公式和系数不再重复。其适用的最大高度和层数以及所属的抗震等级，需依据其后续使用年限的不同，分别由本标准第6章和现行上海市工程建设规范《建筑抗震设计标准》DGJ 08—9予以规定。

17.1.2 本条是根据行业标准《建筑抗震加固技术规程》JGJ 116—2009第6.1.2条(强制性条文)编制的，增加了消能减震的加固方案。钢筋混凝土房屋的加固，体系选择和综合抗震能力验算是基本要求，注意以下几点：

1 要从提高房屋的整体抗震能力出发，防止因加固不当而形成楼层刚度、承载力分布不均匀或形成短柱、短梁、强梁弱柱等新的薄弱环节。

2 在加固的总体决策上，应从房屋的实际情况出发，侧重于提高承载力，或提高变形能力，或二者兼有；必要时，也可采用增设墙体、改变结构体系的集中加固，而不必每根梁柱普遍加固。

3 加固结构体系的确定，应符合抗震鉴定结论所提出的方案。当改变原框架结构体系时，应注意计算模型是否符合实际，体系影响系数和局部影响系数的取值方法应明确。

4 与砌体结构类似，加固的抗震验算，也可采用与抗震鉴定同样的简化方法。此时，混凝土结构综合抗震能力应按加固后的结构状况，确定其地震作用、楼层屈服强度系数、体系影响系数和局部影响系数的取值。

17.1.3 钢筋混凝土房屋加固后的抗震验算方法，当采用现行上海市工程建设规范《建筑抗震设计标准》DGJ 08—9 的方法时，地震作用的分项系数按规范规定取值，A、B 类混凝土结构的地震内力调整系数、构件承载力需按本标准第 6 章的规定计算并计入构造的影响。加固后构件的抗震承载力验算，承载力抗震调整系数采用本标准第 3.2.6 条的规定，并按本章规定考虑新增构件应变滞后和新旧构件协同工作程度的影响。

17.2 加固方法

17.2.1 本条列举了结构体系和抗震承载力不满足要求时可供选择的有效加固方法。在加固之前，应尽可能卸除加固构件相关部位的全部活荷载。

当原有的 A 类混凝土框架结构体系属于单向框架时，可通过节点加固成为双向框架，也可对非框架方向采用柱间支撑(包括消能减震支撑)等措施加强，还可按现行上海市工程建设规范《建筑抗震设计标准》DGJ 08—9 对框架-抗震墙结构的墙体布置要求，增设一定数量的钢筋混凝土墙体并加固相关节点而改变结构体系，从而避免对所有的节点予以加固。对于 B、C 类混凝土框架结构，当时施行的上海市工程建设规范《建筑抗震设计标准》DGJ 08—9 已明确规定应设计为双向框架，一般不出现这类框架。

单跨框架对抗震不利是十分明确的，对于抗震鉴定结论明确要求加强的情况，可按本条规定选择增设墙体、翼墙、支撑或框架柱的方法。需注意，增设墙、支撑、柱的最大间距，应考虑多道防线的设计原则，符合设计规范对框架-抗震墙结构的墙体布置最大间距的规定，且不得大于 24 m，见表 2。

表 2　框架-抗震墙结构的抗震墙之间楼、屋盖的长宽比

楼、屋盖类型	烈　度		
	6	7	8
现浇或叠合楼盖、屋盖	4	4	3
装配式楼盖、屋盖	3	3	2.5

每种方法的具体设计要求列于本标准第 17.3 节中。其中：

钢套加固，是在原有的钢筋混凝土梁柱外包角钢、扁钢等制成的构架，约束原有构件的加固方法；现浇混凝土套加固，是在原有的钢筋混凝土梁柱外包一定厚度的钢筋混凝土，扩大原构件截面的加固方法。这两种加固方法，是提高梁柱承载力、改善结构延性的切实可行的方法；当仅加固框架柱时，还可提高“强柱弱梁”的程度。

粘贴钢板的方法是将钢板与混凝土面粘结使其协同工作来提高构件的承载力，粘结质量的好坏直接影响到加固效果，故需由专业队伍施工，确保加固效果；粘贴碳纤维是本次修订增加的、近来已经使用成熟的加固方法，但对胶黏剂的质量和粘贴工艺要求较严，同粘钢一样，粘结质量的好坏直接影响到加固效果，故需由专业队伍施工，确保加固效果，另外还要进行防火处理。

钢绞线网-聚合物砂浆面层是近年来发展的一种新型环保、耐久性较好的加固方法，对提高构件的承载力和刚度都有贡献，但需要满足本标准规定的材料性能和施工构造要求。

增设抗震墙或翼墙，是提高框架结构抗震能力及减少扭转效应的有效方法。

消能支撑加固是通过增设消能支撑的耗能吸收部分地震力，从而减小整个结构的地震作用。

增设抗震墙会较大地增加结构自重，应考虑基础承载的可能性。

增设翼墙适合于大跨度时采用，以避免梁的跨度减少后导致

梁剪切破坏。

本次修订，增加了提高“强柱弱梁”目标的加固方法，以及楼梯间梯板的加固方法。

17.2.2 钢筋混凝土构件的局部损伤，可能形成结构的薄弱环节。按本条列举的方法进行构件局部修复加固，是恢复构件承载力的有效措施。

17.2.3 本条列举了墙体与结构构件连接不良时可供选择的有效的加固方法。对于砖填充墙与框架柱的连接，拉筋的方案比较有效；对于填充墙体与框架梁的连接，相比拉筋方式，采取在墙顶增设钢夹套与梁拉结的方案更为有效。

鉴于楼梯间和人流通道填充墙的震害，要求采用钢丝网抹面加强保护。

17.2.4 对女儿墙等易倒塌部位不符合鉴定要求的加固方法，可按本标准第16.2.3条的有关规定选择加固方法。

17.3 加固设计及施工

17.3.1 本条是根据行业标准《建筑抗震加固技术规程》JGJ 116—2009第6.3.1条(强制性条文)编制的，但对原构件混凝土强度提出了要求。

本条给出了增设墙体加固的构造和计算的最基本要求。框架结构增设抗震墙后，可有效控制结构位移，降低原结构的地震反应，避免对整体结构的梁柱进行普遍加固。框架结构增设抗震墙后，一般应按框架-抗震墙结构进行抗震加固设计。但为尽量减少加固工程量，也可局部增设少量抗震墙，用于改善结构抗震性能，按少墙框架结构进行分析并控制抗震指标。

为使增设墙体的加固有效，强调了以下几点：①墙体最小厚度；②墙体的最小竖向和横向分布筋；③考虑新增构件的应力滞后，抗震承载力验算时，新增混凝土和钢筋的强度，均应乘以折减系数。④加固后抗震墙之间楼、屋盖长宽比的局部影响系数应作相应改变。

17.3.2 本条规定了增设钢筋混凝土抗震墙或翼墙加固方法的构造要求以及加固后截面的抗震验算方法。

增设抗震墙，需注意复核原有地基基础的承载力；增设翼墙需复核原有框架梁跨度减少后梁端的配筋。

增设抗震墙或翼墙加固的主要构造是确保新旧构件的连接，以便传递剪力。可有以下三种方法：

1 锚筋连接。需在原构件上钻孔，并用符合规定的高强胶锚固，施工质量要求高。

2 钢筋混凝土套连接。在云南耿马一带的建筑加固中，使用效果良好。

3 锚栓连接。需要专用的施工机具，其布置可参照锚筋的规定。

当新增混凝土的强度等级比原有构件提高一个等级时，考虑混凝土、钢筋强度折减的截面抗震验算可有所简化：仍按原构件的混凝土强度等级采用，即相当于混凝土强度乘以折减系数0.85，然后，将计算所需增加的配筋乘以 1.15，即为按原钢筋级别所需要新增的钢筋。

17.3.3 本条规定了抗震墙和翼墙的施工要点，对于结构抗震加固，施工方法的正确与否直接关系到加固效果，应注意遵守。

17.3.4 本条是根据行业标准《建筑抗震加固技术规程》JGJ 116—2009 第 6.3.4 条(强制性条文)编制的，规定了采用钢套加固框架的基本要求。钢套对原结构的刚度影响较小，可避免结构地震反应的加大。因此，当加固后构件刚度和重力荷载代表值的变化符合本标准第 3.2.4 条的有关规定时，可以直接采用抗震鉴定的计算分析结果而不必重新进行整个结构的抗震计算分析。

为使钢套的加固有效，强调了以下几点：①钢套构件两端的锚固；②钢套缀板的间距；③考虑新增构件的应力滞后和协同工作的程度，其钢材的强度应乘以折减系数。

17.3.5 本条规定了采用钢套加固框架的设计要求。当刚度和重力荷载代表值变化在规定的范围内时，可直接将抗震鉴定结果中计算配筋的差距，按本条规定的梁、柱钢材强度折减系数换算为所需的型钢截面面积。

17.3.6 本条规定了钢套的施工要点，需采取措施加强钢材与原有混凝土构件的连接，并注意防火和防腐，这些要求直接关系到加固效果，应注意遵守。

17.3.7 本条是根据行业标准《建筑抗震加固技术规程》JGJ 116—2009 第 6.3.7 条(强制性条文)编制的，但对原构件混凝土强度提出了要求。本条规定了采用钢筋混凝土套加固梁柱的基本要求。钢筋混凝土套加固后构件刚度有一定增加，整个结构的地震作用有所增大，但试验研究表明，钢筋混凝土套加固后可作为整体构件计算，其承载力和延性的提高可比刚度的增加要大，从而达到加固的目的。

为使混凝土套的加固有效，强调了以下几点：①混凝土套的纵向钢筋要与其两端的原结构构件，如楼盖、屋盖、基础和柱等可靠连接；②应考虑新增部分的应力滞后，作为整体构件验算承载力，新增的混凝土和钢筋的强度，均应乘以折减系数。

17.3.8 本条规定了采用钢筋混凝土套加固梁柱的设计要求，并明确区分 A、B、C 类建筑的不同。对新增的箍筋，应采取措施加强与原有构件的拉接，如采用锚筋、锚栓或短筋焊接等方法。

当新增混凝土的强度等级比原有构件提高一个等级时，截面抗震验算可有所简化：仍按原构件的混凝土强度等级采用，即相当于混凝土强度乘以折减系数 0.85，然后，将计算所需增加的配筋乘以 1.15，即为原钢筋等级所需新增的钢筋截面面积。

17.3.9 本条规定了钢筋混凝土套的施工要点，这些要求直接关系到加固效果，需注意遵守。

17.3.10 本条参照现行国家标准《混凝土结构加固设计规范》GB

50367的规定，文字有所调整。本条规定了采用粘贴钢板加固方法的要求，加固前应卸载，并注意防腐和防火要求。

考虑到现行国家标准《混凝土结构加固设计规范》GB 50367的承载力计算公式是针对静载的，胶黏剂在拉压反复作用下的性能与静载下有所区别，从偏于安全的角度，本条规定，采用现行国家标准《混凝土结构加固设计规范》GB 50367的计算公式时，原有混凝土构件的抗震承载力与抗震鉴定时的取值相同，而钢板部分的承载力的“抗震加固承载力调整系数”取1.0。

粘贴钢板加固时，宜采用专用胀栓加强钢板与结构构件的连接。

17.3.11 本条参照现行国家标准《混凝土结构加固设计规范》GB 50367的规定，对抗震加固不同之处加以规定。采用粘贴纤维布加固梁柱时，对原结构构件的混凝土强度有要求，并规定了采用碳纤维加固的设计和施工要求，加固前应卸载，并强调对碳纤维的防火要求。

考虑到现行国家标准《混凝土结构加固设计规范》GB 50367的承载力计算公式是针对静载的，胶黏剂在拉压反复作用下的性能与静载下有所区别，从偏于安全的角度，本条规定，采用现行国家标准《混凝土结构加固设计规范》GB 50367的计算公式时，原有混凝土构件的抗震承载力与抗震鉴定时的取值相同，而碳纤维部分的承载力的“抗震加固承载力调整系数”取1.0。

17.3.12 本条参照现行国家标准《混凝土结构加固设计规范》GB 50367的规定，对抗震加固不同之处加以规定。本条规定了采用钢绞线网-聚合物砂浆面层加固梁柱的钢绞线网片、聚合物砂浆的材料性能。

17.3.13 本条规定了钢绞线网-聚合物砂浆面层加固梁柱的设计要求，该方法只能承受拉应力。考虑到现行国家标准《混凝土结构加固设计规范》GB 50367的承载力计算公式是针对静载的，而在拉压反复作用下的性能与静载下有所区别，从偏于安全的角度，本条规定，采用现行国家标准《混凝土结构加固设计规范》GB 50367 的计算公式时，原有混凝土构件的抗震承载力与抗震鉴定时的取值相同，而钢绞线网-聚合物砂浆面层部分的承载力的“抗震加固承载力调整系数”取 1.0。

17.3.14 本条规定了钢绞线网-聚合物砂浆面层加固的施工要求，施工前应首先卸载。

17.3.15 本条列举了新增钢支撑的设计要点，这类支撑宜按不承担静载仅承担地震作用的要求进行设计，同时加固与支撑相连的框架节点，并将支撑承担的地震作用可靠地传递到基础。

框架结构采用增设钢支撑加固，主要是改善原结构的抗震性能，应尽量减少加固工程量，采用少量支撑。如仅增设少量柱间支撑以满足结构层间位移角要求，或仅设置少量柱间支撑以减小框架柱配筋等情况，而不必限值钢支撑所承担的倾覆力矩的比例。

17.3.16 本条主要参照了现行上海市工程建设规范《建筑抗震设计标准》DGJ 08—9 的相关规定。规定了采用消能支撑加固框架结构的要求。

17.3.17 本条规定了对混凝土构件局部损伤和裂缝等缺陷进行修补时的材料要求、施工要求。

17.3.18 本条规定了砌体墙与框架连接的加固的方法以及要求，适合于单独加强墙与梁柱的连接时采用。砌体墙与框架柱连接的加强，尽可能在框架全面加固时通盘考虑，设计人员可根据抗震鉴定的要求，结合具体情况处理。

墙与柱的连接可增设拉筋加强；墙与梁的连接，可设拉筋加强墙与梁的连接，亦可采用墙顶增设钢夹套加强墙与梁的连接，钢夹套应注意防锈防火。

18 木结构加固

18.1 一般规定

18.1.1 本章主要适用于不符合抗震要求的穿斗木构架、旧式木骨架、木柱木屋架、柁木檩架房屋的加固。

18.1.2 根据木结构房屋震害情况和破坏程度的分析，提出了木结构房屋加固的主要内容和范围。

18.1.3 根据木结构房屋的特点与抗震能力，提出了木结构加固应采取的一些切实可行的简单加固措施，以提高房屋的抗震能力。

18.2 加固方法

18.2.1 木构件陈旧、腐朽和受虫蛀，木梁支座木质严重腐朽等，地震时容易落架塌顶，应予加固。

18.2.2 木梁(木屋架)木柱间无斜撑，地震时容易歪斜，加设斜撑并用螺栓连接成整体，屋架不易倾斜，加强了木骨架的稳定性。斜撑应有螺栓连接，如用钉子锚固，容易拉脱。

18.2.3 加强木构架的构件间的连接非常有效。如在梁、柱接头处增设托木，并用螺栓锚固，抗震效果较好；木屋架与木柱之间用扒钉锚固不牢靠，容易拉脱，应用铁件和螺栓连接；木柱与木屋架或挑檐木之间，加扁铁并有螺栓锚固，可保证结构整体性；在砖柱顶部加混凝土垫块，用螺栓与屋架连接，不容易脱开；用扁铁、短木条等将檀条与屋架连接，可有效防止脱落。

18.2.4，18.2.5 给出了木屋架或木梁在墙上搁置长度不够时的加固措施，以及加强木屋架、木梁与墙体的拉结措施。

19 烟囱和水塔加固

19.1 烟囱加固

19.1.1 本节主要适用于不符合抗震鉴定要求的砖烟囱和钢筋混凝土烟囱的抗震加固。

19.1.2 砖烟囱抗震承载力不足或砖烟囱顶部配筋不符合抗震鉴定要求时，可采用钢筋砂浆面层或扁钢套加固。钢筋混凝土烟囱可采用喷射混凝土加固。砖烟囱也可采用喷射混凝土加固。喷射混凝土加固效果较好，但常受施工机具等条件的限制，且材料消耗较多。加固方案需按合理、有效、经济的原则确定。

19.1.5 面层加固中，竖向钢筋在烟囱根部要有足够的锚固，以避免加固后的烟囱在地震时根部出现弯曲破坏。加固的钢筋数量系按设计规范进行抗震承载力验算后提出的，因此，现有烟囱的砖强度等级为 MU10 且砌筑砂浆强度等级不低于 M5 时，可不做抗震验算。

19.1.6 扁钢套加固中，扁钢的厚度，除满足抗震强度要求外，还考虑了外界环境条件下钢材的锈蚀。竖向扁钢在烟囱根部要有足够的锚固，以避免加固后的烟囱在地震时根部出现弯曲破坏。加固的扁钢用量系按设计规范进行抗震承载力验算后提出的，其中，考虑扁钢在外界环境条件下的锈蚀影响，采用了 0.6 的折减系数。同样，现有烟囱的砖强度等级为 MU10，且砌筑砂浆强度等级不低于 M5 时，可不做抗震验算。

19.2 水塔加固

19.2.1 本节与本标准第 12.2 节有密切的联系，主要适用于不符合抗震鉴定要求的砖和钢筋混凝土筒壁式和支架式水塔的抗震加固。

19.2.2 水塔的加固，要根据其结构形式和烈度的不同，分别采用扁钢套、钢筋砂浆面层、圈梁和外加柱及钢筋混凝土套加固；对基础倾斜度超过鉴定要求的水塔，需采取纠偏和加固措施后方可继续使用。

19.2.5～19.2.10 这里仅提出各种加固设计要求，有关的施工要求可参照本标准中各类建筑结构相应加固方法的有关条款。

20 基础隔震和消能减震加固方法

20.1 一般规定

20.1.1 在过去的20年内，尤其是汶川地震后，我国已对不少重点设防类建筑采用基础隔震方法进行抗震加固，取得了较好的社会效益和经济效益。基础隔震后上部结构一般可不考虑抗震要求，所以可保持建筑物的原有风貌。基础隔震技术一般适用于多层刚性砌体结构和多层现浇或装配整体式钢筋混凝土结构。上海地区存在大量的具有保护意义的建筑，普通的抗震加固措施很难达到既保护既有建筑的历史风貌，又有效提高其抗震性能的目标，而就目前的技术水平而言，采用基础隔震方法达到这个目标还是可期待的。

20.1.2 从能量角度出发，在建筑结构中设置消能减震装置，消耗和转移主体结构的地震响应能量，也能达到提高结构抗震性能目的。

20.1.3 基础隔震或消能减震加固设计应进行必要的方案比较，提高抗震加固的综合经济指标。

20.1.4 结构加固施工时既有结构的构件已经在重力荷载作用下变形，施工过程中如果无减压措施，后加的消能部件是接受不到重力荷载的。

20.1.5 加固设计时应该考虑消能部件安装误差，其受力不可能完全限于部件所在的框架变形的平面内。消能部件必须具备足够的平面外刚度、强度，抵抗部件质量的出平面惯性力和部件出平面反作用力。

20.1.6 结构遭遇不低于设防地震影响时，隔震支座、消能部件都会承受相当大的变形，震后普查这些装置是十分必要的，当有些装置表现出不能继续起作用的状态时，应该给予置换。

20.1.7 图 20.1.7 提出了基础隔震或消能减震设计的一般流程，可供设计人员参考。

20.2 基础隔震加固设计要点

20.2.1 本条给出了既有建筑采用基础隔震技术加固宜遵守的原则，控制隔震层下部结构的沉降大小对保证隔震层装置受力均匀性和安全性非常重要。

20.2.2 上海市的大部分场地土属软土，采用基础隔震加固时应将隔震系统的等效周期延长至 3 s 以上，如选用叠层橡胶支座宜选用性能较软的 G4 橡胶产品，或采用组合支座；后者可将隔震系统的等效周期延长更多，且竖向受压稳定性好。

20.2.3 由于上海地区设计反应谱特征周期很长，导致隔震层的位移会很大，实践表明隔震层布置适当的黏滞阻尼器是减小隔震层位移的有效手段。

20.2.4 一般在隔震支座上方设置贯通的连梁体系，新设置的连梁体系受力很复杂，所以连梁的设计内力宜取不小于按结构计算模型分析得到的内力的 2 倍。

20.2.5 基础隔震设计方法已在上海市建设工程设计相应规范中有详细条文，加固设计时，应参照这些标准执行。

20.3 消能减震加固设计要点

20.3.1 消能减震基本措施是在结构层间设置消能部件，其水平抗力传递都是通过楼面的刚性实现的。当楼面刚性不足时，计算模型中应反映楼面柔性对抗力传递的影响。

20.3.2 消能子框架的抗震承载力和变形能力应该高于不直接连接消能部件的构件，对消能子框架一般都需要采取适当加固措施。选择与消能部件连接可靠、合理、施工方便的连接型式会直接影响成本和减震效果。

20.3.3～20.3.4 消能减震措施的减震效果评价可参考国家和上海市建设工程现行规范的相关规定。

20.3.5～20.3.7 消能部件的选择与布置应根据主体结构现状，建筑使用功能情况，各种消能器耗能力学特性，选配合适的支承构件，经综合分析后确定消能部件的安装位置及连接方式。设计人员应该了解消能器的市场情况，充分调研市场各类消能器的性能，在布置消能部件之前就应该确定消能器的力学分析模型，优化消能部件的力学控制参数。

消能器可分为速度相关型、位移相关型和复合型消能器三类。速度相关型消能器(黏滞消能器、黏弹性消能器)利用与速度有关的黏性抵抗地震作用，从黏滞材料的运动中获得阻尼力，消能能力取决于消能器两端相对速度的大小，速度越大，提供的阻尼力越大，消能能力也越强；位移相关型消能器(摩擦消能器、金属消能器等)利用材料的塑性滞回变形消散能量，消能能力与消能器两端相对位移的大小有关，相对位移越大，消能能力越强；复合型消能器是利用两种以上的消能原理或机制进行耗能的消能器，同时具有位移相关型消能器和速度相关型消能器的性能特征，但有时可能位移相关型消能器的特征比较明显，有时可能速度相关型消能器的特征比较明显，因此，对其性能的要求要根据其组合消能机理或机制具体确定。

目前屈曲约束支撑可以分为承载型和消能型两类型，其中承载型的屈曲约束支撑可视为普通支撑的改良，布置在结构中主要是提供刚度，可视为竖向构件来承担竖向荷载，在多遇地震作用下不应进入消能工作状态，不提供附加阻尼比；消能型屈曲约束支撑属于位移相关型消能器，不可视为竖向构件，不能承担竖向荷载。因为用普通钢材和普通焊接工艺生产的屈曲约束支撑(BRB)的延性与有良好构造措施的钢筋混凝土、钢结构框架侧向变形的延性系数基本接近，为保证 BRB 大震下不发生早于结构构件失效之前断裂，不应把 BRB 设置成多遇地震作用下屈服。大震下弹塑性分析应该主要考察消能子框架损伤和消能器的变形特征。

消能器恢复力模型大致有两类：一类是用复杂的数学公式予以描述的曲线型；另一类是分段线性化的折线型。曲线型恢复力模型中的刚度是连续变化的，与工程实际较为接近，但在刚度的确定及计算方法上较为复杂，在实际工程计算中并不常用。目前，广泛使用的是折线型模型，对于摩擦消能器和铅消能器宜采用理想弹塑性模型，软钢消能器和屈曲约束支撑可采用双线性、三线性的等强硬化模型，速度相关型消能器宜采用 Maxwell 模型或 Kelvin 模型。

施工图文件中应该列出分析模型中所用消能器的各力学性能控制指标，以方便消能器采购和对各项控制指标的分项检测。

20.3.8～20.3.11 这四条规定了结构中消能部件布置、减震分析的一般性原则。

20.4 连接构造

20.4.1 当采用基础隔震方法加固结构时，隔震层上部主体结构的抗震构造要求核查可比新建隔震结构的相关要求适当降低。当原结构整体较差时，应采取适当措施提高隔震层上部结构的整体性。

20.4.2 当消能减震加固结构的抗震性能明显提高时，主体结构的抗震构造要求可适当降低，其降低程度可根据消能减震加固结构地震影响系数与未加固原结构的地震影响系数之比确定，但最大降低程度应控制在 1 度以内；而与消能器连接的主体结构构件相对于其他构件则宜提高一级抗震等级进行构造措施核查。

20.4.3 建筑结构基础隔震加固时，隔震支座与结构构件的连接应考虑可更换性，宜采用高强螺栓连接，构造要求应按现行国家标准《钢结构设计标准》GB 50017 中有关章节执行，并按罕遇地震下的内力设计。

20.4.4 消能减震加固时，消能器与主体结构的连接一般可采用支撑型、墙型、柱型和腋撑型等，设计人员应根据工程实际情况和消能器类型选择合理的连接方式。

20.4.5 建筑结构消能减震加固时，消能器与结构构件的连接通过连接板（或连接构件）可采用铰接和刚接两种方法，而连接板（或连接构件）与结构构件间的连接均采用高强螺栓连接或焊接来实现。高强螺栓及焊接的计算、构造要求应按现行国家标准《钢结构设计标准》GB 50017 中有关章节执行，并按罕遇地震下的内力设计。

20.4.6 连接节点板在消能器进行工作时应保持弹性并且不能发生平面外失稳。

20.4.7 建筑结构消能减震加固时，对于选定的消能器，由本标准第 20.3.5 条相关公式确定对应支撑的刚度和截面，并按现行行业标准《建筑消能减震技术规程》JGJ 297 相关规定对消能器支撑、节点板或连接板构件（包括连接高强螺栓或焊缝等）进行强度、稳定性校核。

20.4.8 当采用支撑型消能器时，可选择单斜支撑或“人”字形支撑，并与消能器、橡胶支座、限位器构成消能系统。

20.5 施工要求

20.5.1～20.5.4 参照相关规范和行业标准对基础隔震、隔震支座、消能器的性能检验等作了规定，尤其是对位移相关型的金属屈服型消能器提出了施工现场抽检性能指标要求，目的是保证消能减震加固目标能在施工实施中得到保证。

20.5.5 建筑结构基础隔震加固时，隔震层的切断是隔震施工的关键步骤，且有危险性，故对施工方案应反复认证，整个切断施工过程应进行建筑物变形(包括沉降和水平位移)实时监控。

20.5.6 消能部件正常维护中，定期目测检查的周期主要根据消能部件中关键部件——消能器的设计使用年限，并参照现有一般结构构件的维护实践经验确定。一般结构构件实际检查周期为10年～15年，约为结构设计使用年限的1/5～1/3。在正常使用与正常维护下，不同类型消能器的设计使用年限虽然不同，然而，定期检查的周期以消能器的设计使用年限为基础取其1/5～1/3，即约为10年，应该属于一个较正常的时间间隔。但由于建筑使用的特殊性，进行定期检查时会破坏使用，为此，对于金属消能器和消能型屈曲约束支撑等金属材料耗能的消能器，在正常使用情况下可不进行定期检查；黏滞消能器和黏弹性消能器在正常使用情况下一般10年或二次装修时应进行目测检查，在达到设计使用年限时应进行抽样检查。

消能部件的应急检查，包括应急目测检查和应急抽样检测，与主体结构的应急检查要求是一致的，即在地震及其他外部扰动发生后(如地震、强风、火灾等灾害后)，同样应对消能部件实施应急检查。通过应急检查，确认消能器是否超过极限能力或是否受到超过预估的损伤，以判断是否需要修理或更换。另外，即使消能器经检查未遭受到损伤，也要检查其附加支撑、连接件可能受到的影响。虽然消能部件一般是根据其设计使用年限内的累积地震损伤要求来设计制造的，但由于国内外消能减震工程应用实践的时间短，几乎没有大震下的实测性能数据及震害破坏经验，因而进行应急检查是必要的。